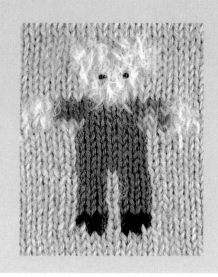

刊載作品的製作協助
上田恭子　春日敏子　服部依子　細川和代　吉田涼子

編輯成員
攝影／松本桃子　版面設計／佐藤次洋　島田真紀子
繪圖／大室和子　編織方法繪圖／立花實代子
編輯／遠藤誠佐子　石原絹子

給喜愛編織的朋友們

對於喜歡手編織的人，一定會想要織出只屬於自己個人專有的毛衣。
有此想法的人如果手邊擁有這本書，必定如獲至寶。
要編織時一定要準備齊全才開始。
選擇圖案、準備線材、並注意以適合的針號作出適當的織片密度。
想織背心、套頭上衣還是外套？
地花樣的狀態是否符合你所想像的？
圖案要配置在哪裡？要織之前會有些擔心吧！

現在身為毛衣編織設計師的我，雖然擁有自己的店，但卻常常會想起
中學時代第一次完成的深紅色外套。那是一件下針、上針各3cm見方的
松樹花樣，只有在前片的表面部分加上玉針花樣的單純作品。
是在邊看書邊請教媽媽的情況下完成的。所以至今一直留在我
心中的就是只要想織的話一定可以達成願望的。

請活用此書的圖案，由衷的希望你能作出自己獨
特風味的漂亮作品並織入令人充滿回憶的毛衣。

石井麻子

領子是圓
的捲翻領

後中心的
上方只作
1個

No.3、4〈溜狗的套頭毛衣〉
和5、6同樣的以黑色線條表
現出漂亮的圖案，線和顏色
是重點。

No.11～14
〈小婦人的外套〉
以親愛四姐妹的圖案編織。
將Meg、Jo、Emmy、Bes
的第一個字母也一起織入。

No.109
〈交叉花樣的背心〉

左右身片使用不同
的顏色。
後片是配色編織。

No.1以天使圖案
作成的小袋子，
內側必定要
裝入裡袋。

No.75
〈三角形交互圖案
的套頭毛衣〉
將三角形連續
排列成波浪狀。

No.40的
圖案縮小

No.8
No.86

No.7
〈英格蘭花樣的背心〉
將各種圖案作組合形成
一幅風景

No.59
No.85

〈多蘭卡司花樣的外套〉
利用拼布的花樣作成毛衣
；松樹花樣以一般傳統毛
線編織，弧線的部分作重
點的裝飾。

寬0.7cm
的緞帶
110cm長

緣編的兩肩邊
各鉤一釦環
將緞帶
固定縫
右邊的花樣
的部分利用

釦環　扣子

後片沒有圖
案全部織地
花樣，例如
No.140，緣
編也使用同
色

No.81

〈細小方塊裝飾長條的套頭毛衣〉
如磚塊般的配色圖案之間織入細
小方塊裝飾長條，配色依自己喜
歡決定。

♥連續花樣裡側的渡線要注意平
行。配色編織時即使只有1針
線也要注意平行的渡線，如此
就會完成漂亮的作品。

15cm

3.5cm　13cm　3.5cm

No.38〈家圖案的小袋子〉

〈小狗的套頭毛衣〉
No.15、16的小狗
適合於作在小孩子的套頭毛衣上。
狗的部分以長毛線編織。

7、8歲穿

2、3歲穿

No.26
〈熊寶寶的背心〉

5、6歲穿

No.31〈兔寶寶的背心〉
後片圖案是背對背，
前片則使其面相向

後片作背景的部分

可愛的熊寶寶，配色分別依
男孩、女孩作參考！

帽子或手套也
織入熊寶寶。

小孩的作品每
分割部分針數
減少，圖案也
整圈減少

肩線

減針

由圖案
花樣挑
針編織
脅邊
部分

先作圖
案花樣
部分

♥ 重點
1 段的條紋配色比每
2 段換色來得柔美些

作成顏色不同
的親子裝也是
很不錯的

No.89〈織入小圖案的配色套頭毛衣〉
若使用段染的線，而其每色都還滿長的，
則將身片 6 等分就會有其縱花樣的效果出
來，並且利用段染中的配色作出圖案

裝飾邊也織
成厚厚的

〈樹葉圖案的外套〉
身片和袖子作No.46～49的花樣
No.98、99的花樣的配置場所和配色以每片
葉子為對象作改變。脅邊利用變化
的條紋配色作修飾。

段染線的開始處都
使用和緊鄰不同顏
色起針編織，則圖
案花樣會呈現縱的
顏色連續的情形。

No.21〈蝴蝶結的套頭毛衣〉

後片作1個

男士的
套頭毛衣

No.74

〈調和的條紋配色花樣的套頭毛衣〉
利用每色長一些的段染線作成寬
度不同的條紋則會有躍動感。

No.98、99〈變化的條紋配色套頭毛衣〉
使用起伏針、引上針、交叉針等編織，雖
然共有13色，可是看起來覺得不止這些色
，而且有許多手編織的花樣。背心也是。

套頭毛衣
一同搭配

緣編以小 1 號
棒針編織起伏針
，起針數把上針的
針目先扣除則會更漂亮。

〈框畫〉

由於編織物有厚
度的關係，裝玻
璃時注意！

條紋配色的段數隨
意，毛海或圈圈紗
等不同線材可依
自己喜歡
配置。

90cm

No.94～95
〈4×1伸縮編織
的條紋配色圍巾〉
以 4 針下針 1 針上針
編織，則兩邊不會捲曲
。以條紋配色編織變化的伸縮
編織會更有分量。
以剩下的毛線織成世界唯一的一條
圍巾！

No.34
〈森林雪景的套頭毛衣〉
濃密的森林裡，在下雪當
中發現一間屋子，煙囪升
起了煙，彷彿是在告訴別
人此處有一個溫馨的家。
煙的部分以毛海線織既輕
又有其效果。

親密的天使

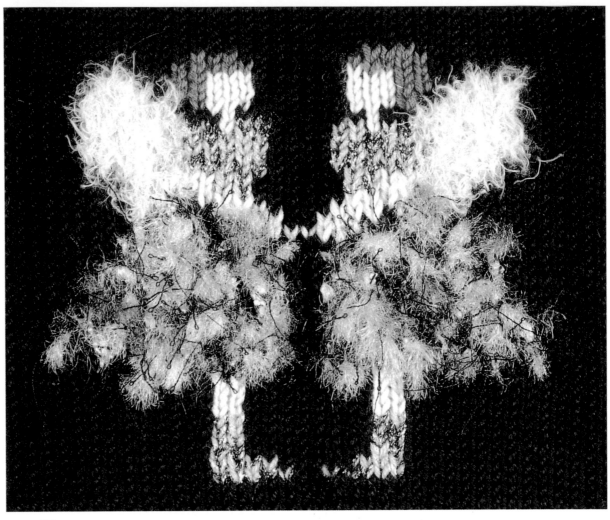

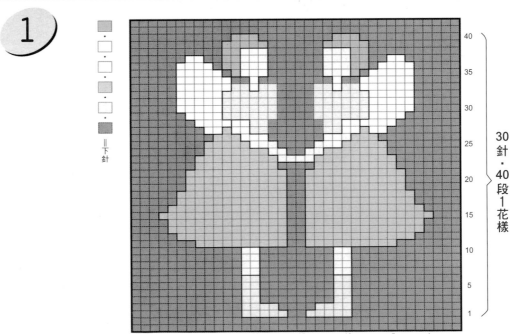

30針·40段1花樣

‖下針

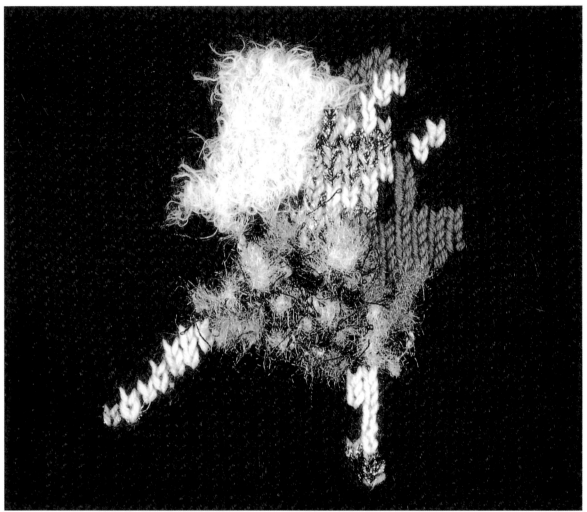

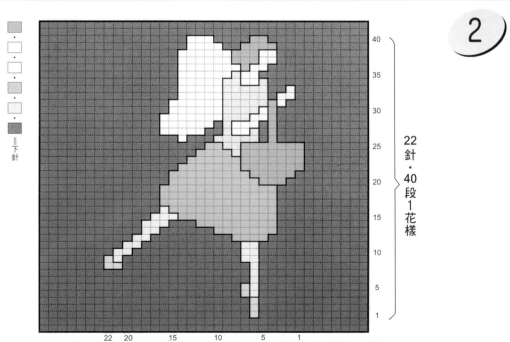

②

40

35

30

25

20

15

10

5

1

= 下針

22針・40段1花樣

22　20　15　10　5　1

溜狗

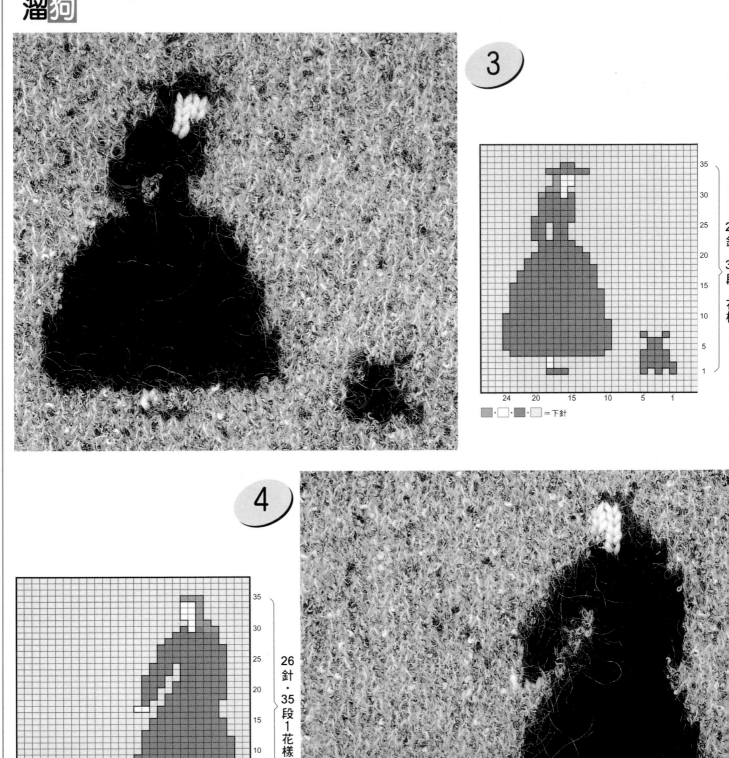

3

35
30
25
20
15
10
5
1

24 20 15 10 5 1

■ · □ · ■ · □ =下針

4

35
30
25
20
15
10
5
1

26 20 15 10 5 1

■ · □ · ■ · □ =下針

26針 · 35段1花樣

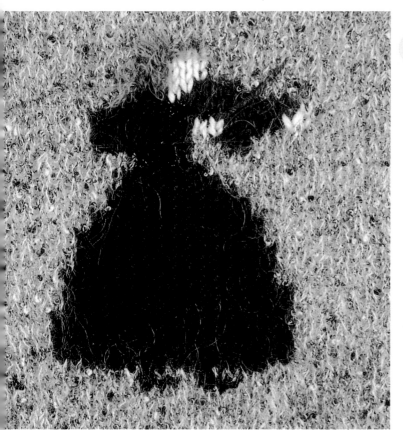

5

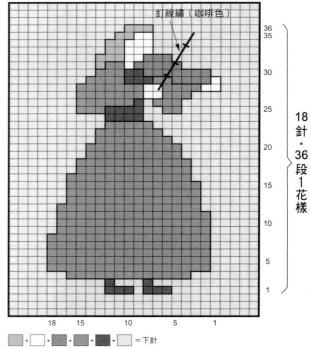

釘線繡（咖啡色）

36
35
30
25
18針・36段1花樣
20
15
10
5
1

18 15 10 5 1

██ ・ □ ・ ██ ・ ██ ・ ██ ・ □ =下針

6

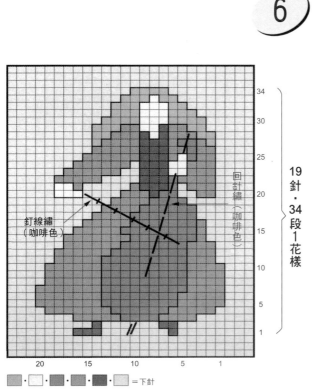

釘線繡
（咖啡色）

回針繡（咖啡色）

34
30
25
20
19針・34段1花樣
15
10
5
1

20 15 10 5 1

██ ・ □ ・ ██ ・ ██ ・ ██ ・ □ =下針

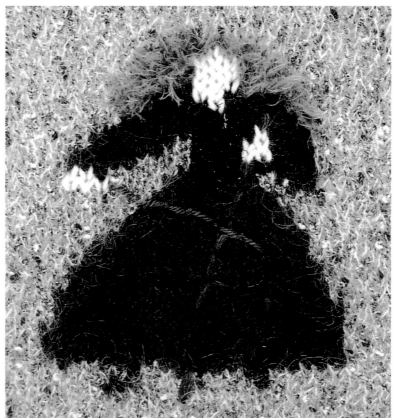

英格蘭的風景

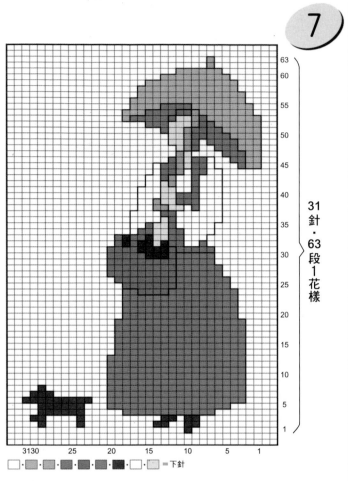

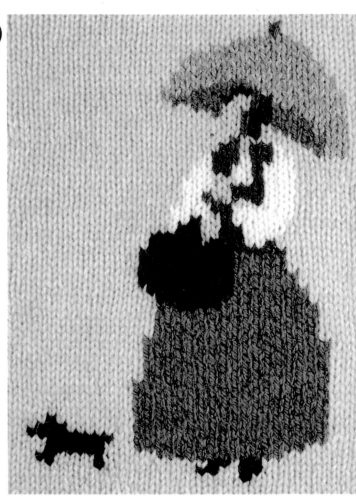

31針・63段1花樣

■・■・■・■・■・□・□＝下針

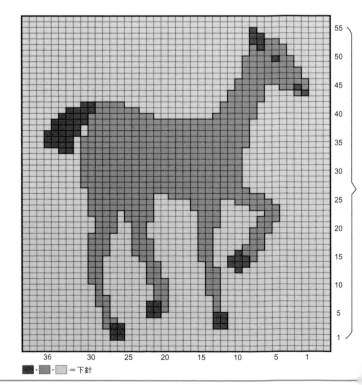

■・■・□＝下針

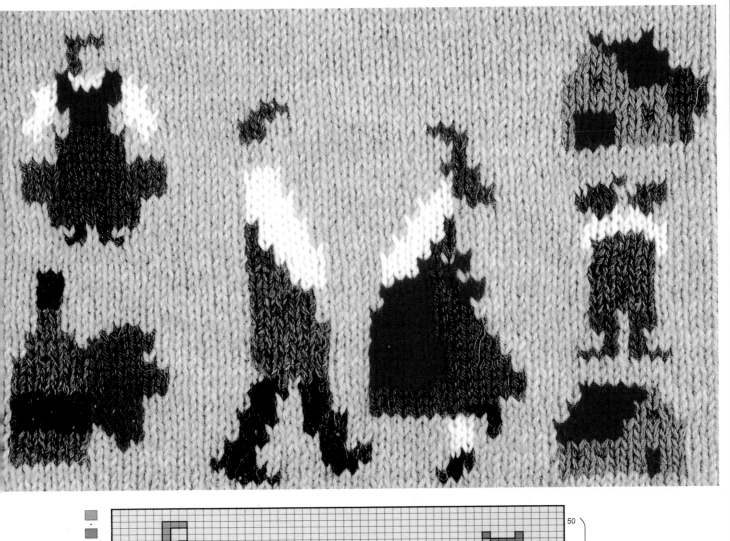

=下針

9

53針・50段1花樣

散步街道

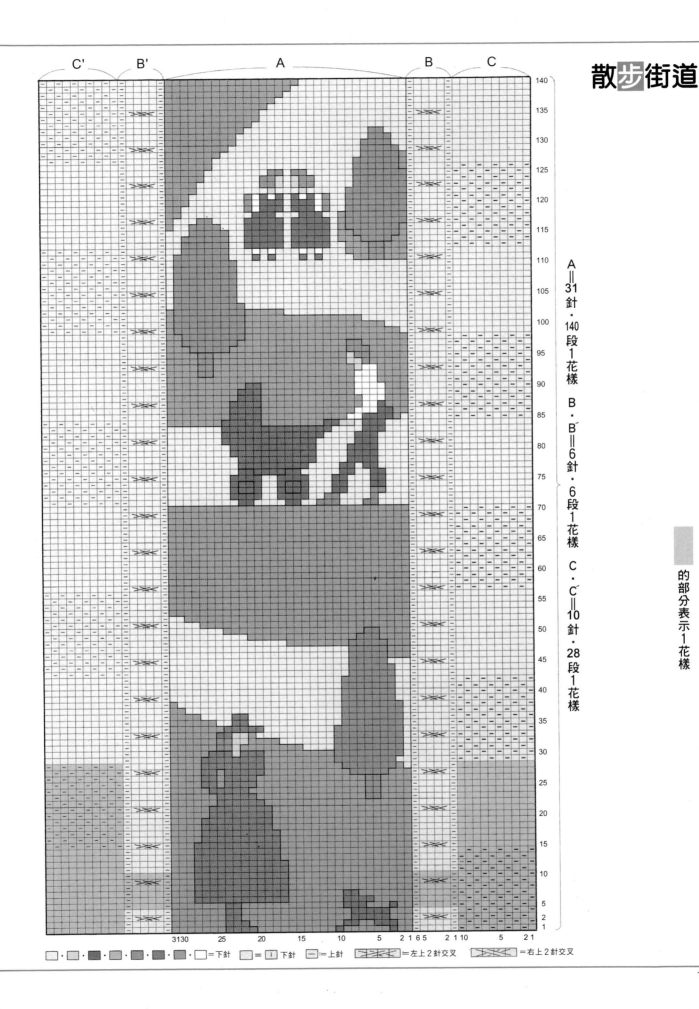

A ‖ 31針・140段1花樣　B・B′‖6針・6段1花樣　C・C′‖10針・28段1花樣

的部分表示1花樣

□・□□□□□□・□＝下針　□＝Ｉ下針　□＝上針　⟟⟟＝左上2針交叉　⟟⟟＝右上2針交叉

《小婦人》中四姐妹的梅格（Meg）

11

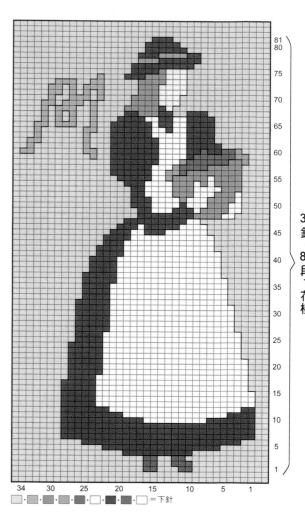

34針・81段1花樣

□・■・■・■・■・□・■・■・□＝下針

裡側縱的渡線配色編織技法（部分花樣）

① A線 B線 A線

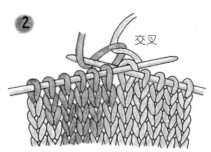

② 交叉

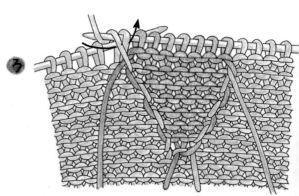

③

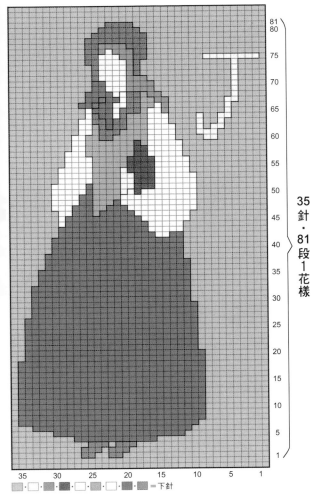

35
針
·
81
段
1
花
樣

裡側縱的渡線配色編織技法（縱條紋花樣）

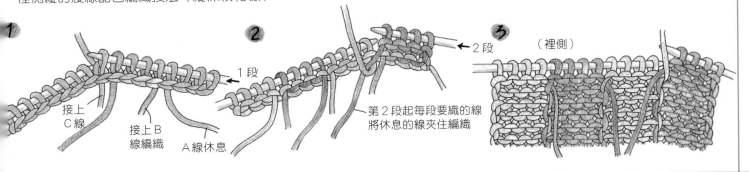

《小婦人》中四姐妹的艾美（Emmy）

13

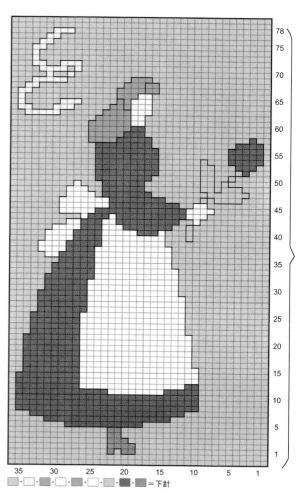

14

77
75

70

65

60

55

50

45   34
      針
40   ·
      77
35   段
      1
30   花
      樣
25

20

15

10

5

1

35   30   25   20   15   10   5   1

□・□□□■・□□・□・□□■□・□・□□□＝下針

小狗的快照

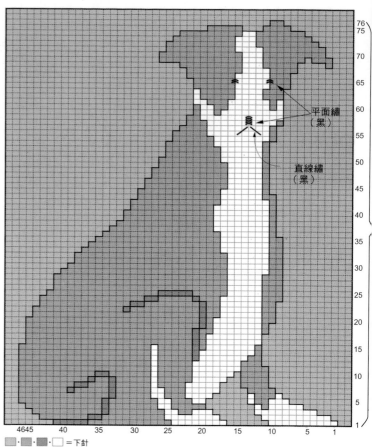

平面繡
（黑）

直線繡
（黑）

■・■・■・□＝下針

46 針・76 段 1 花樣

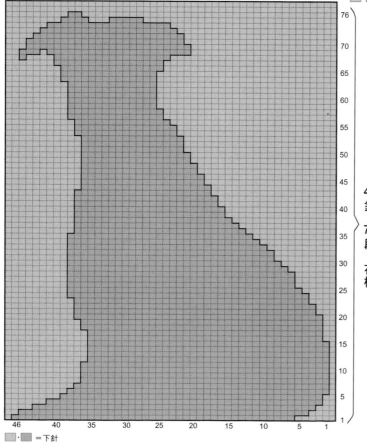

■・■＝下針

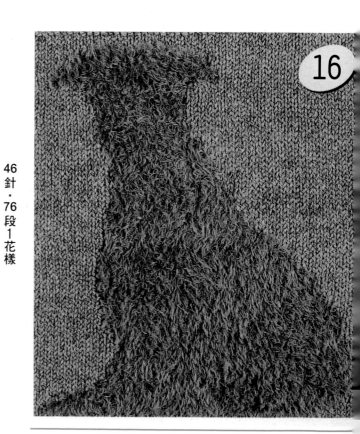

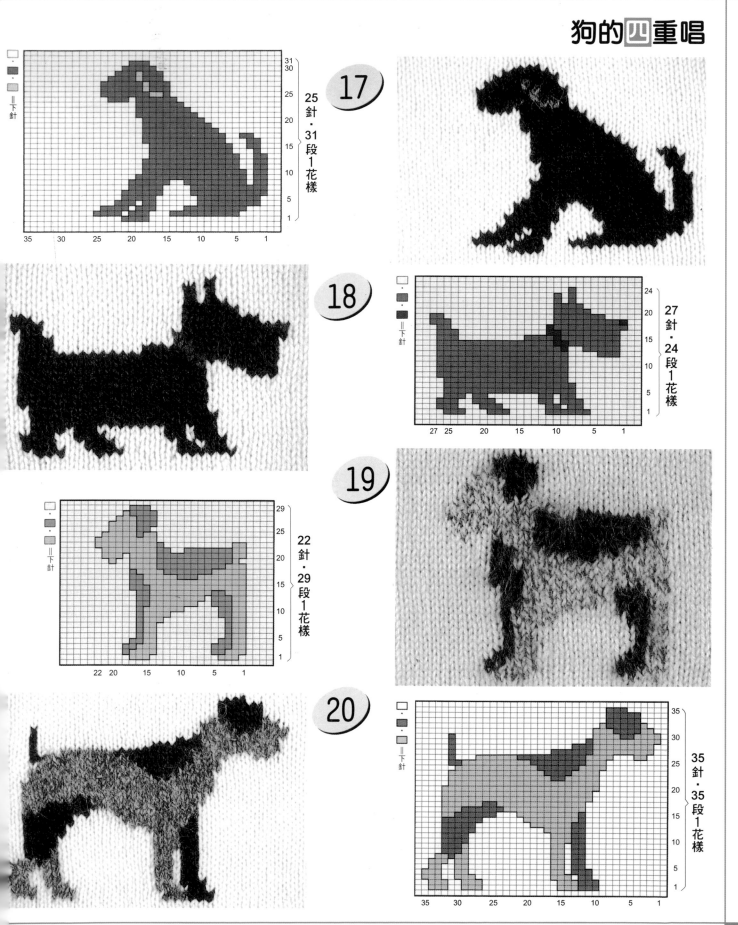

17

25 針・31 段 1 花樣

18

27 針・24 段 1 花樣

19

22 針・29 段 1 花樣

20

35 針・35 段 1 花樣

＝下針

蝴蝶結

21

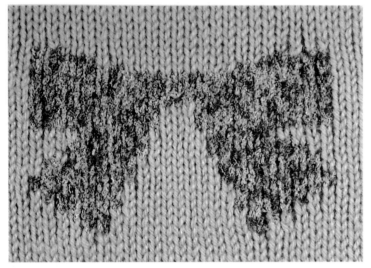

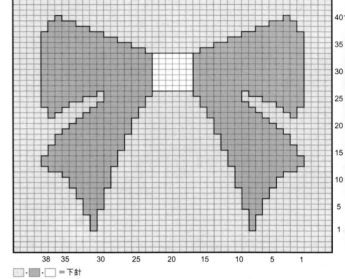

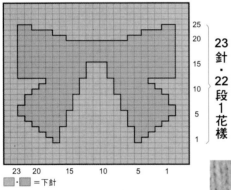

23
針
·
22
段
1
花
樣

25
20
15
10
5
1

23 20   15   10   5   1

□·□=下針

40
35
30
25
20
15
10
5
1

38 35   30   25   20   15   10   5   1

□·□·□=下針

22

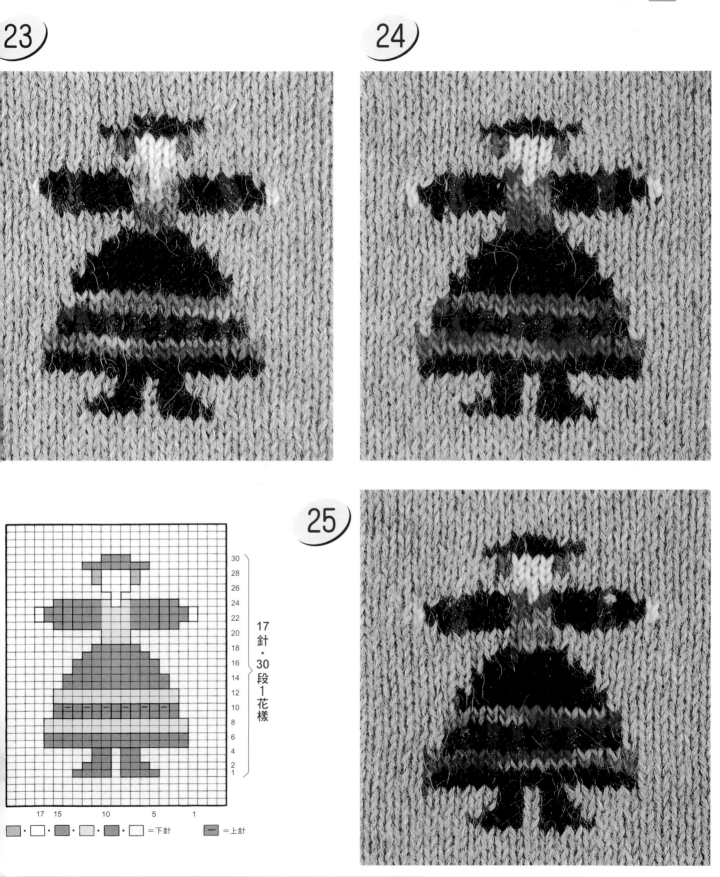

4隻熊寶寶

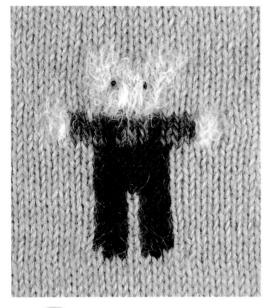

26

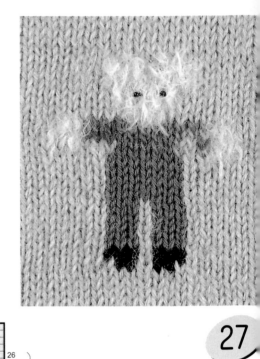

27

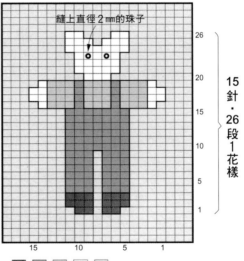

縫上直徑2mm的珠子

15
針
·
26
段
1
花
樣

= 下針

28

29

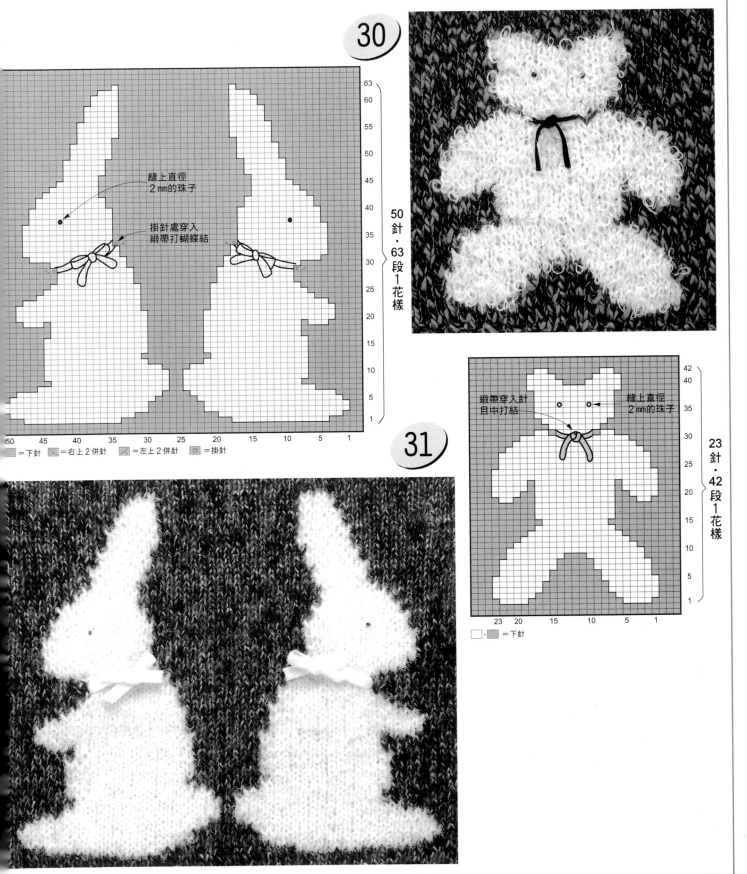

30

縫上直徑
2mm的珠子

掛針處穿入
緞帶打蝴蝶結

50針・63段1花樣

63
60
55
50
45
40
35
30
25
20
15
10
5
1

50 45 40 35 30 25 20 15 10 5 1

=下針　=右上2併針　=左上2併針　○=掛針

31

緞帶穿入針
目中打結

縫上直徑
2mm的珠子

23針・42段1花樣

42
40
35
30
25
20
15
10
5
1

23 20 15 10 5 1

□・=下針

月亮和兔子

32

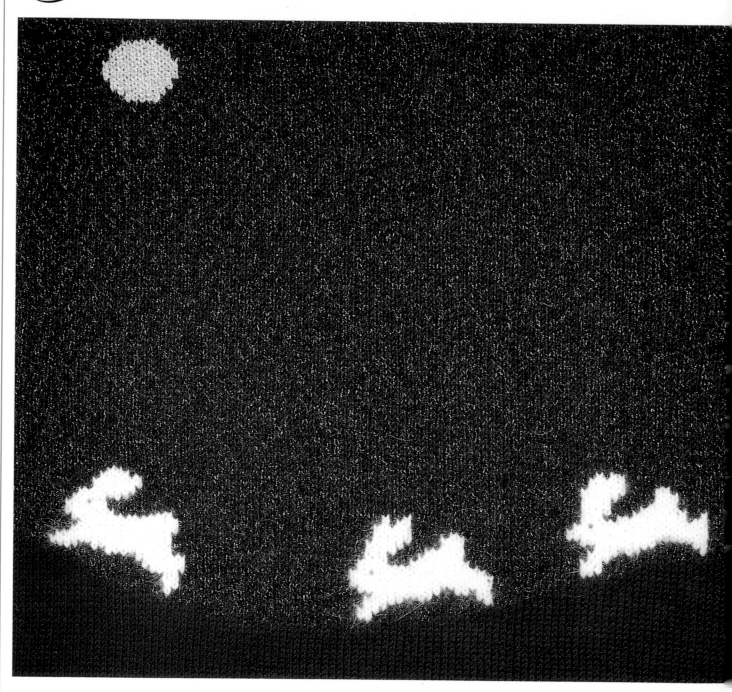

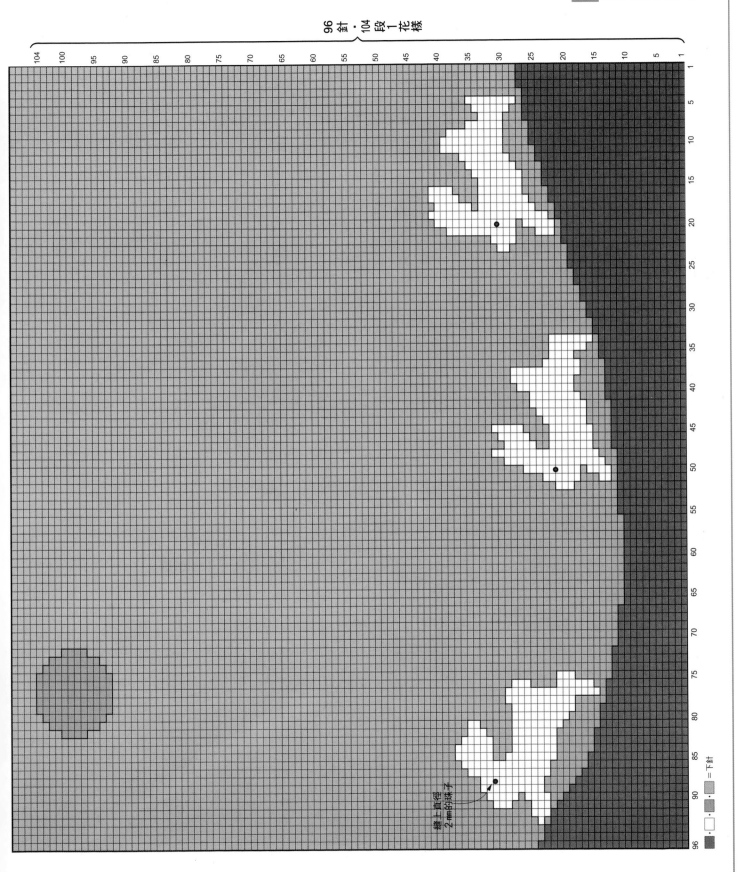

樹木的竊竊私語

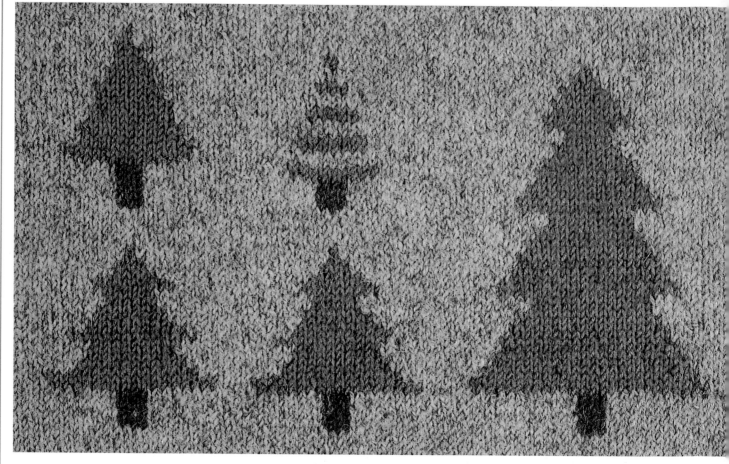

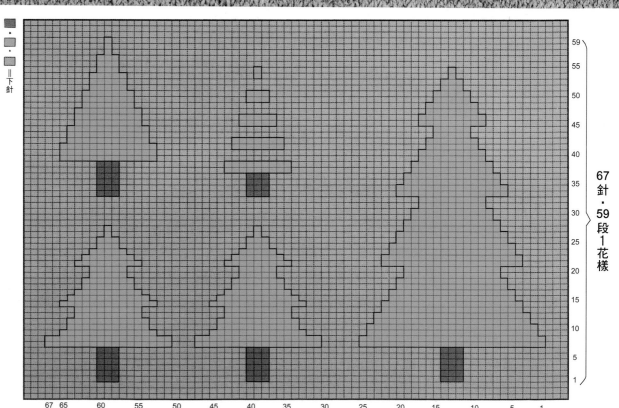

67針・59段1花樣

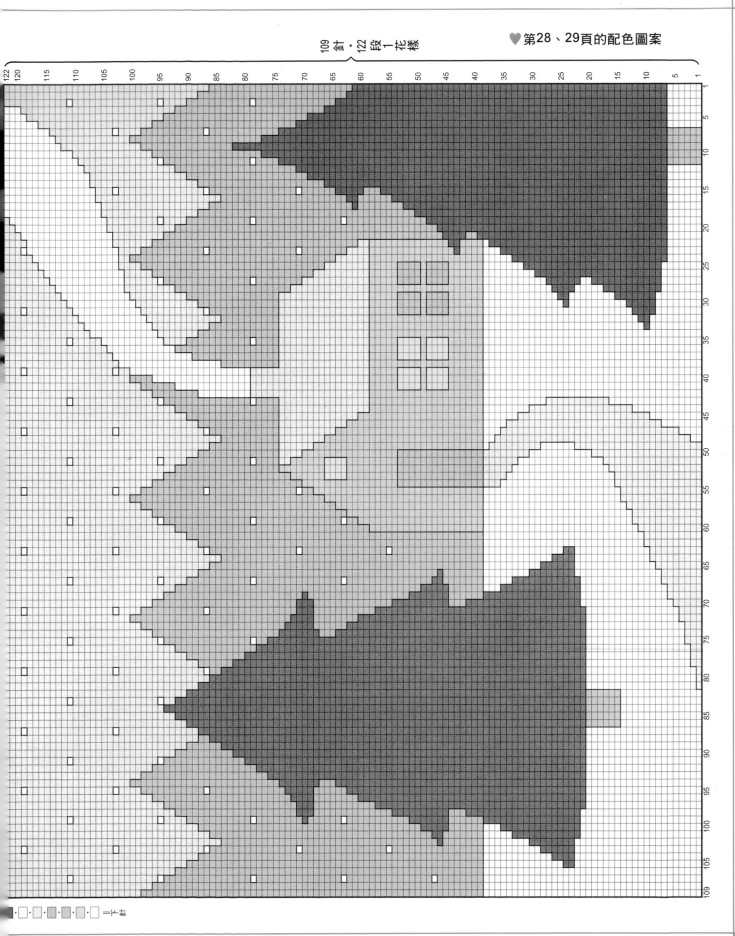

♥ 第28、29頁的配色圖案

森林的雪景

34

♥ 配色圖案於第27頁

有煙囪的家

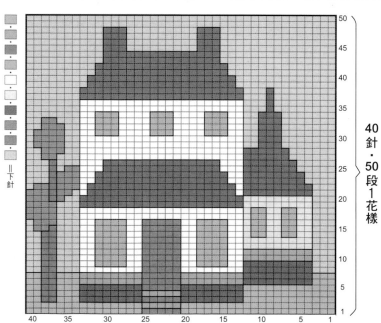

40針‧50段1花樣

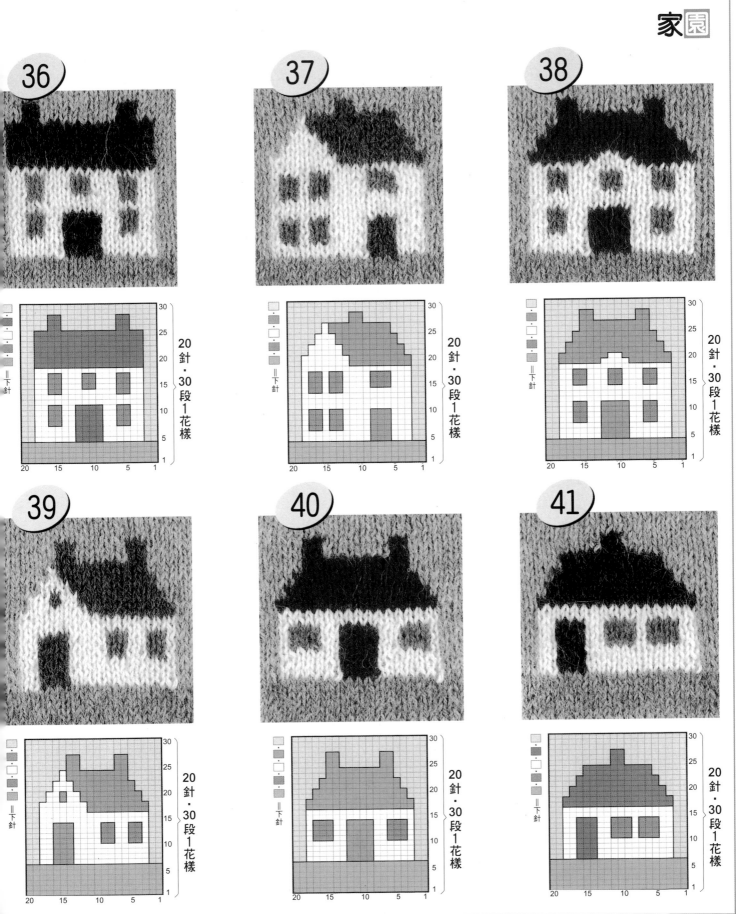

36

37

38

20針・30段1花樣

＝下針

20針・30段1花樣

＝下針

20針・30段1花樣

39

40

41

20針・30段1花樣

＝下針

20針・30段1花樣

＝下針

20針・30段1花樣

＝下針

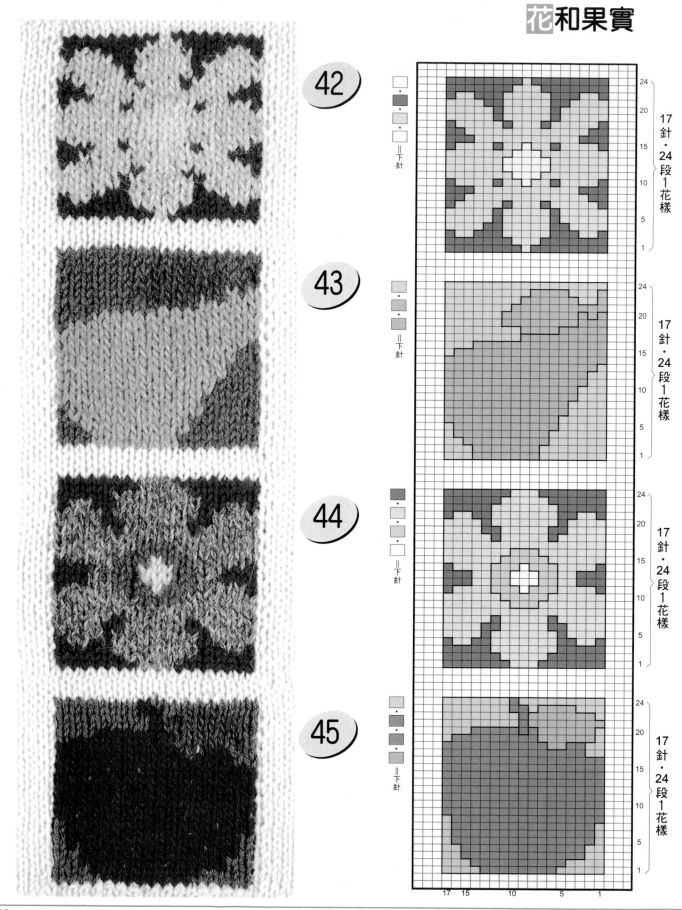

花和果實

42

43

44

45

=下針

17針・24段1花樣

17針・24段1花樣

17針・24段1花樣

17針・24段1花樣

樹葉

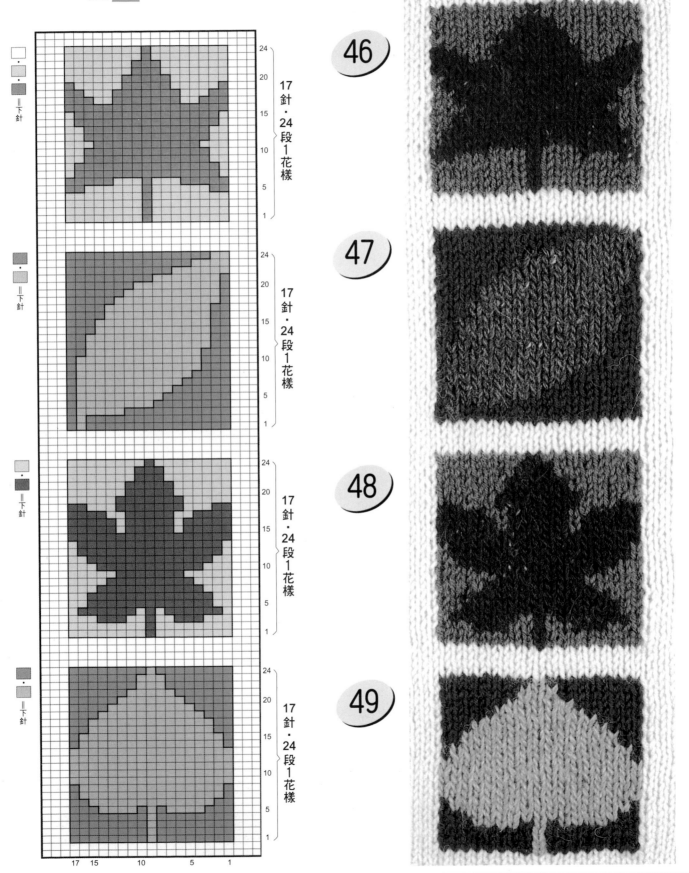

17針・24段1花樣

= 下針

46

47

48

49

色彩繽紛

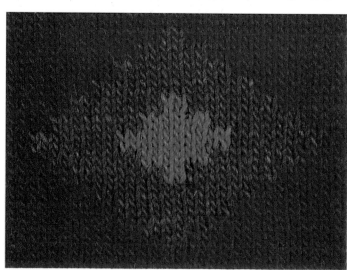

50

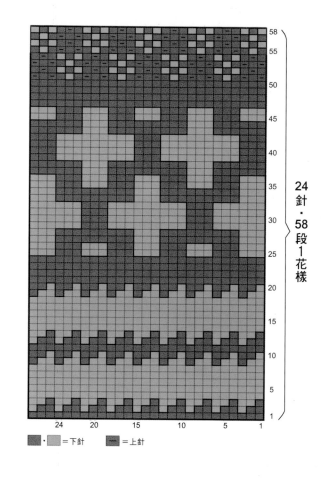

24 針 · 58 段 1 花樣

■ · =下針　　■ =上針

51

26 25
20
15
10
1

2625　20　15　10　5　1

■ · ■ · ■ =下針

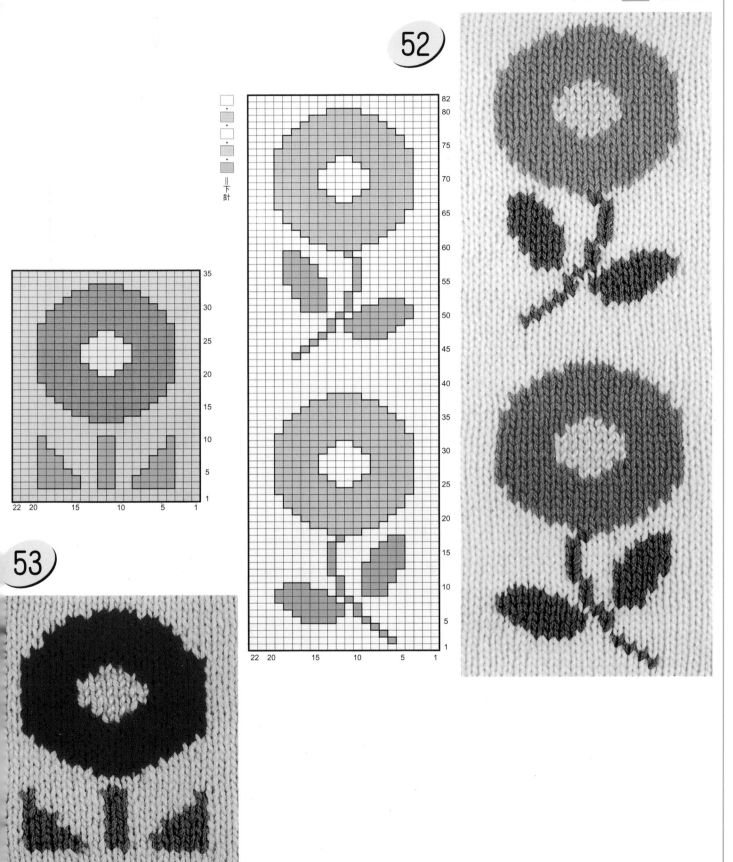

52

53

=下針

心心相連

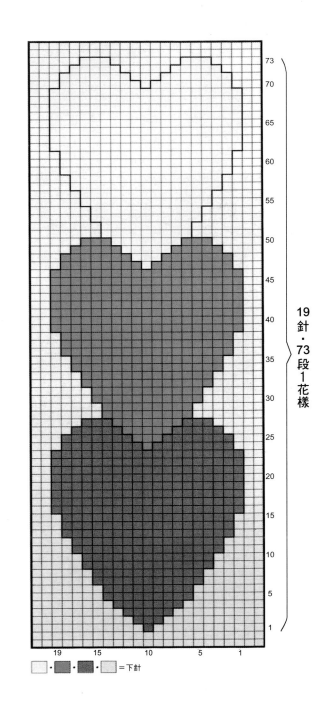

54

19針・73段1花樣

□・■・■・□ =下針

55

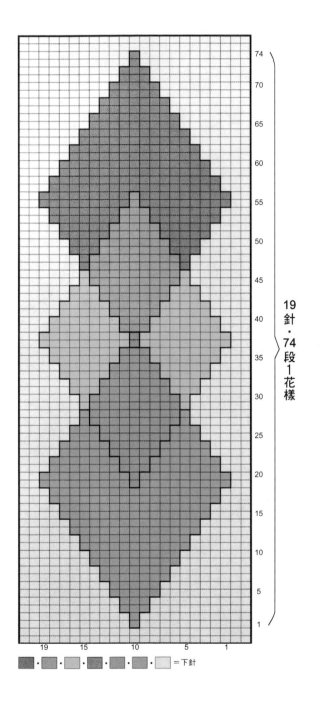

19針・74段1花樣

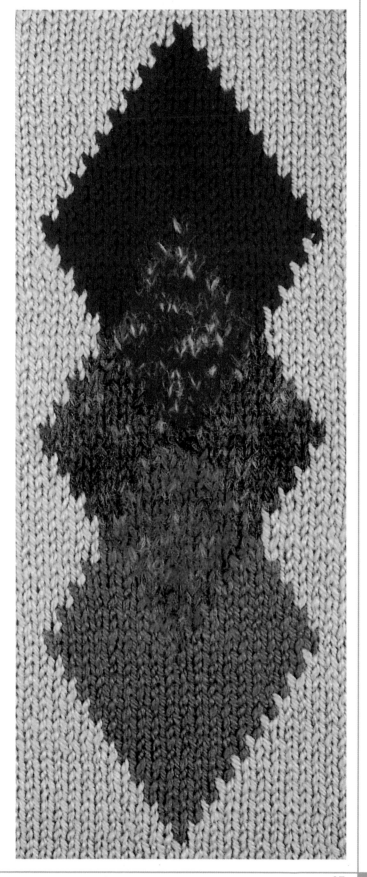

■・■・■・■・■・■・□＝下針

對稱花樣

（藍色系）

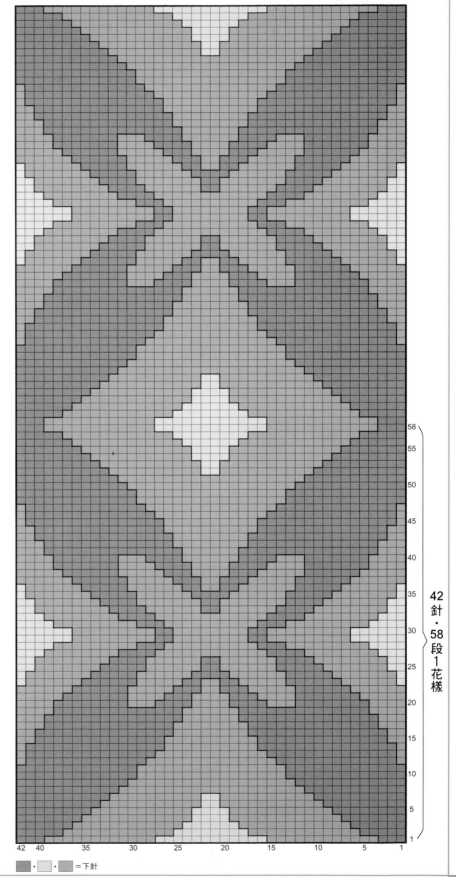

57

58
55
50
45
40
35
30
25
20
15
10
5
1

42 針・58 段 1 花樣

42 40 35 30 25 20 15 10 5 1

■・□・■ =下針

柔色系的配色花樣

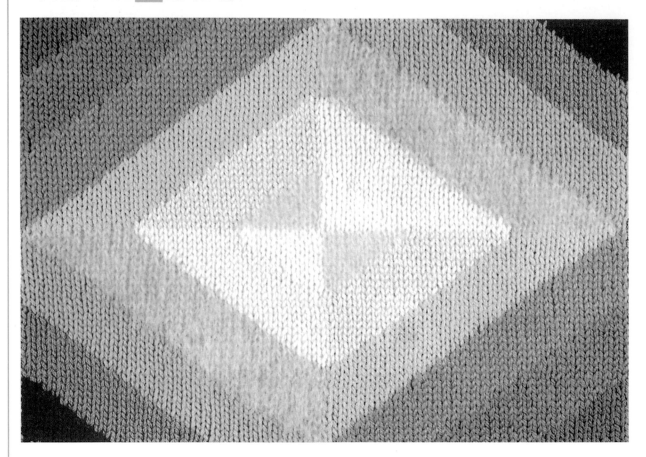

58

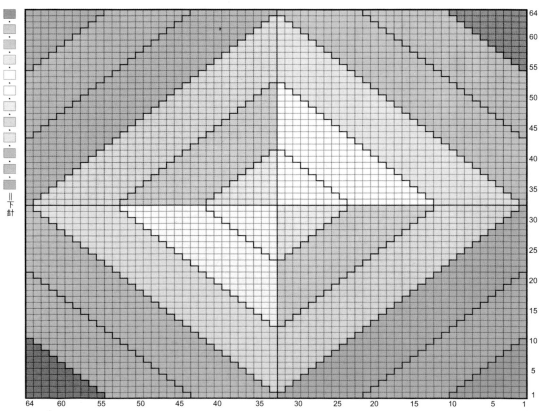

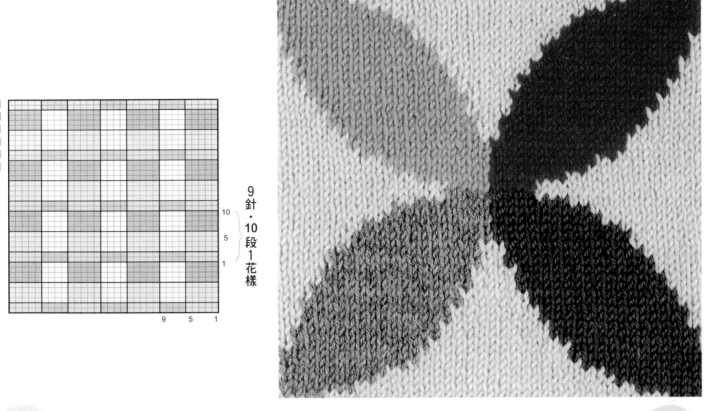

9針‧10段1花樣

10
5
1

9 5 1

59

60

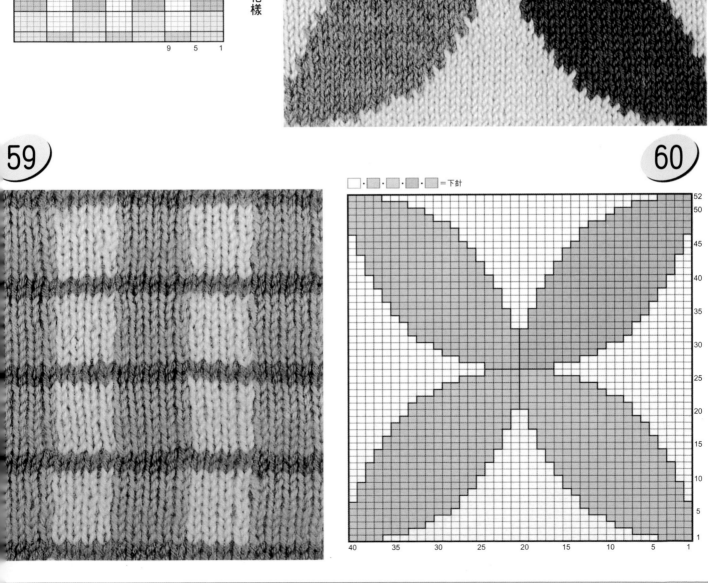

□‧□‧□‧□‧□=下針

52
50

45

40

35

30

25

20

15

10

5

1

40   35   30   25   20   15   10   5   1

把玩顏色的配色編織

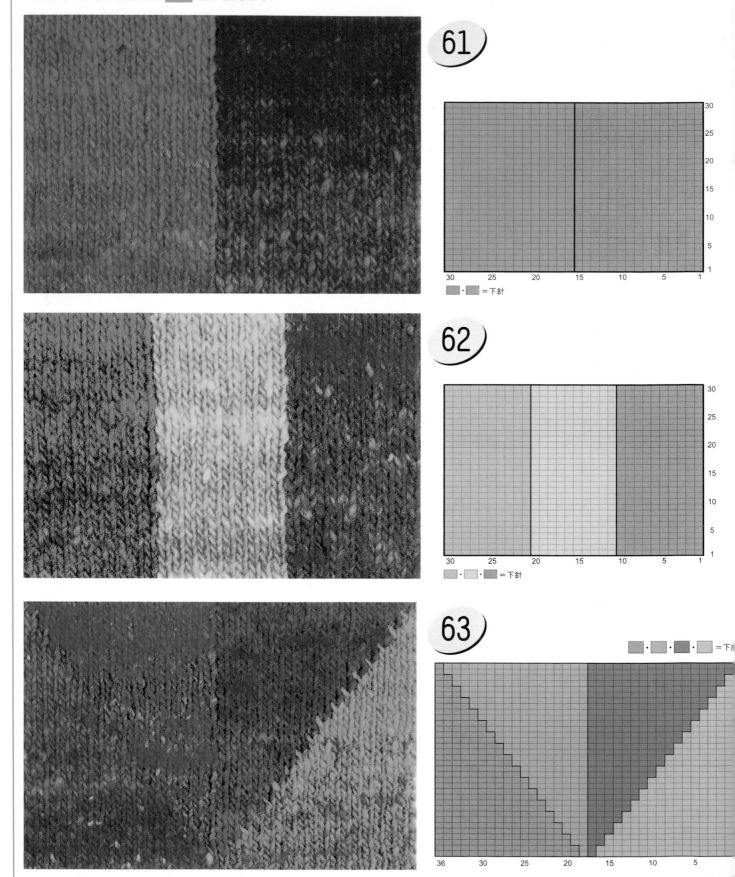

61

30
25
20
15
10
5
1

30　25　20　15　10　5　1

▨ · ▨ =下針

62

30
25
20
15
10
5
1

30　25　20　15　10　5　1

▨ · ▨ · ▨ =下針

63

▨ · ▨ · ▨ · ▨ =下針

36　30　25　20　15　10　5

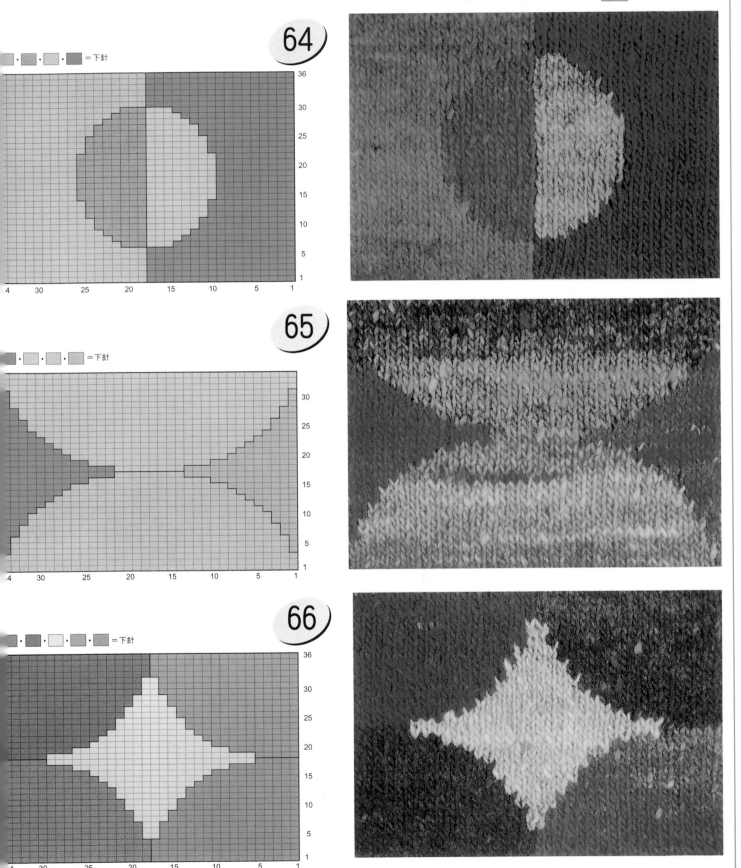

把玩顏色的配色編織

64

■・■・□・■ ＝下針

65

■・□・□・■ ＝下針

66

■・■・□・■・■ ＝下針

把玩顏色的配色編織

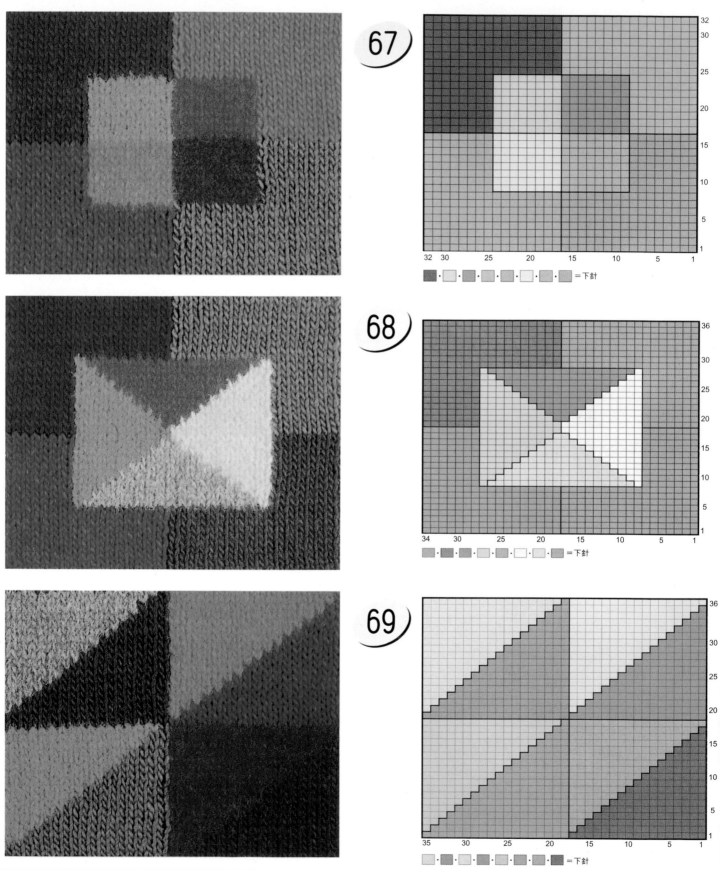

(70)

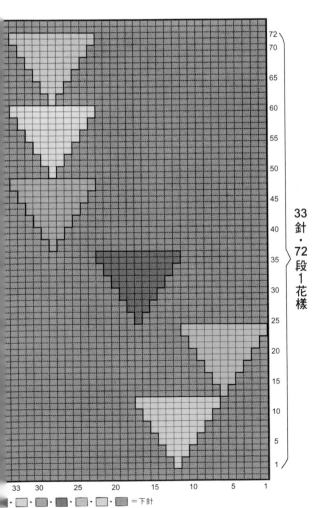

33
針
·
72
段
1
花
樣

⬜·⬜·⬛·⬛·⬜·⬛ =下針

拼布風味圖案

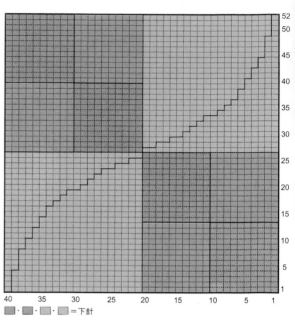

71

■·■·□·■=下針

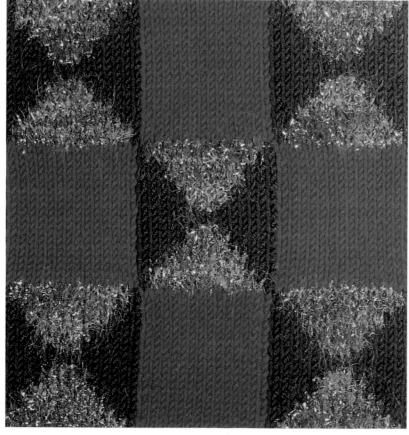

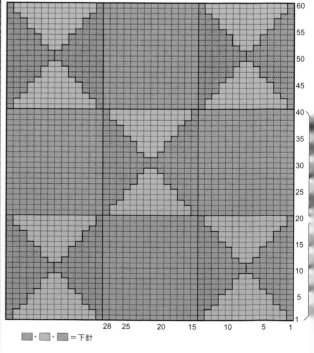

72

■·□·■=下針

73

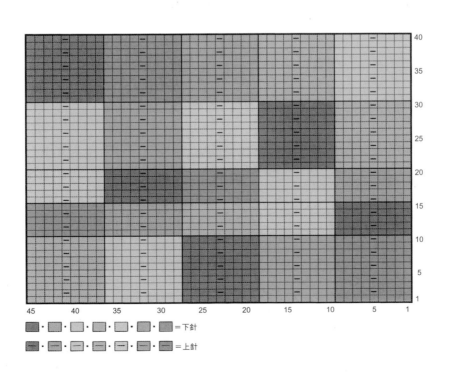

調和的條紋配色花樣

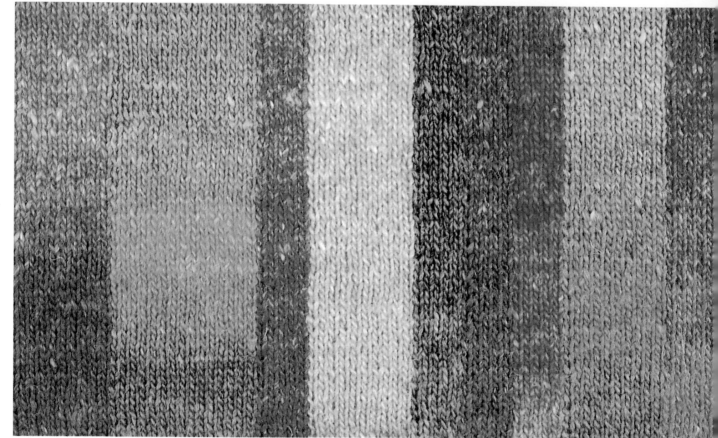

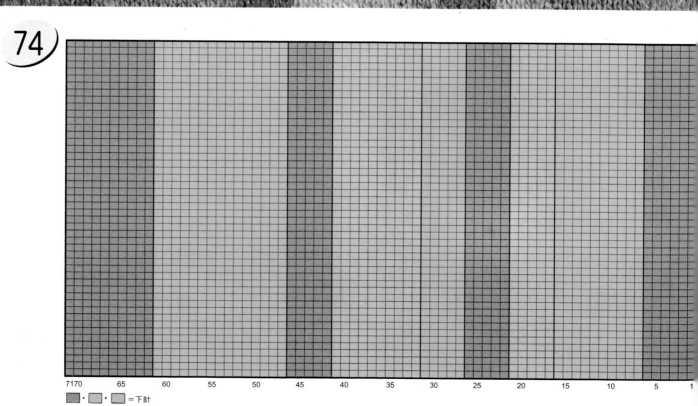

⬛ ・ ⬜ ・ ⬜ ＝下針

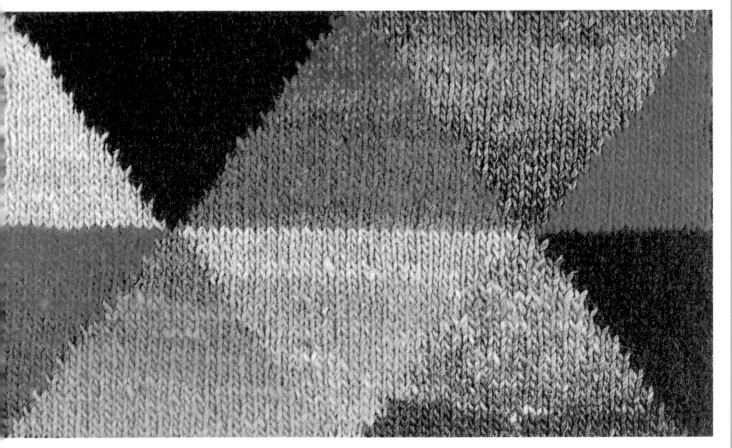

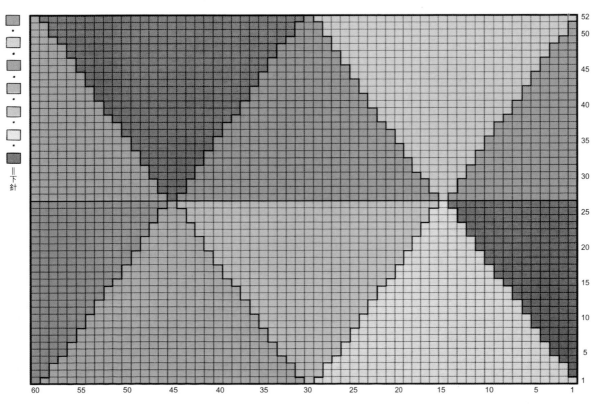

75

=下針

鑲嵌圖案的配色花樣

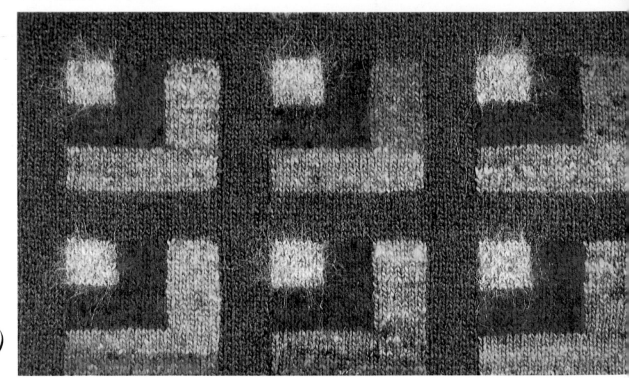

76

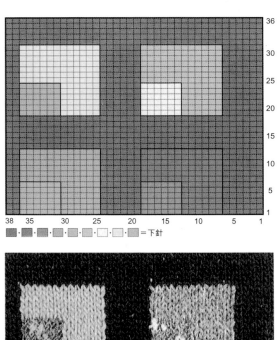

36
30
25
20
15
10
5
1

38　35　30　25　20　15　10　5　1

■・■・■・■・■・■・□・□・■ =下針

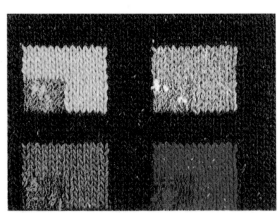

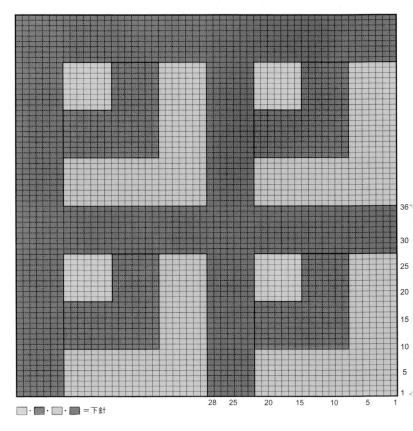

36
30
25
20
15
10
5
1

28　25　20　15　10　5　1

□・■・□・■ =下針

77

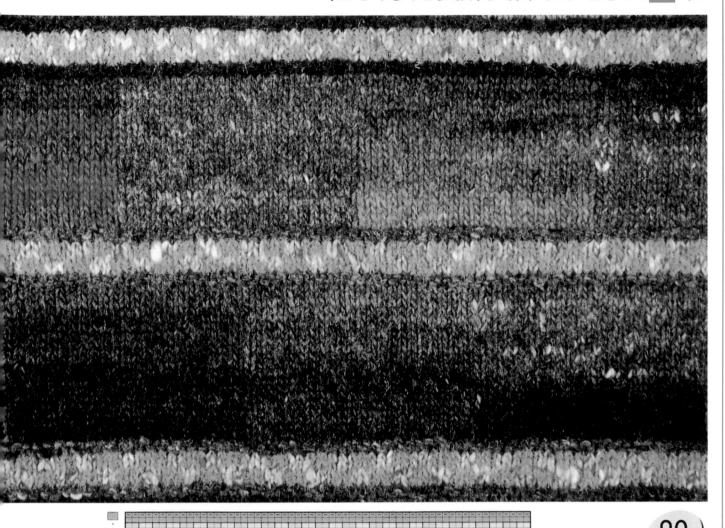

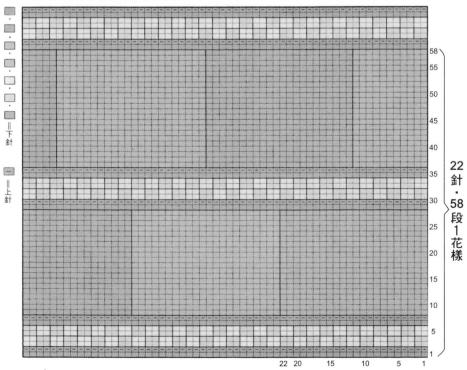

80

□ ·
■ ·
□ ·
■ ·
□ ·
□ ·
□ ·
■

□＝下針

＝＝上針

58
55
50
45
40
35
30
25
20
15
10
5
1

22針·58段1花樣

22 20   15   10   5   1

變化的 菱 形圖案

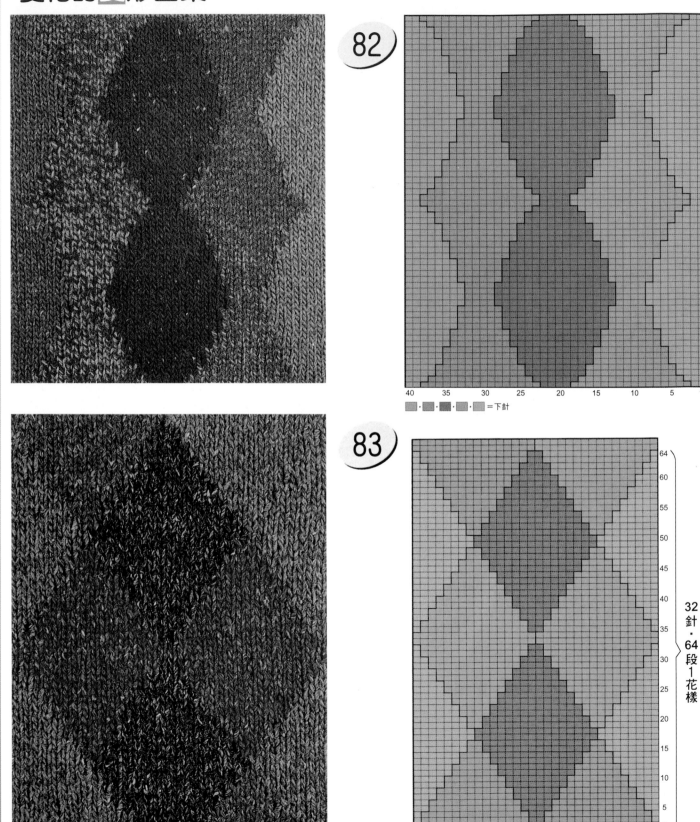

82

□·■·■·■·□=下針

83

32針·64段1花樣

□·□·■·□·□=下針

84

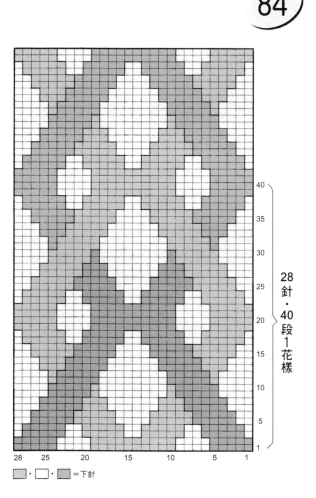

28針・40段1花樣

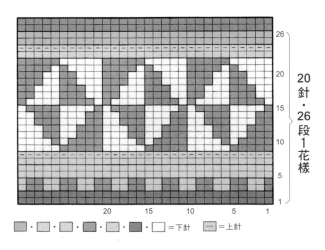

□・□・□=下針

85

20針・26段1花樣

□・□・□・□・□・□ □=下針　─=上針

條紋的配色花樣和小花籃

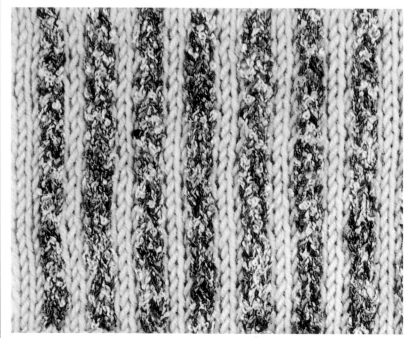

86

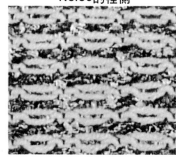

▨ · □ =下針

No.86的裡側

♥ **重點提示**

縱條紋的渡線配色於裡側的線要注意平行。上面的渡線在上側，下面的渡線在下側，不要使其交叉，否則織片會變得不平整。但是花樣的開始一定要交叉才不會有洞。

87

□ · ▨ · ▨ =下針

31針・34段1花樣

No.87的裡側

♥ **重點提示**

配色花樣假使只有1針也不要在裡側作渡線的編織。依各個小花樣其配色都由下面一直織上來，雖然比較麻煩，可是完成的作品會比較漂亮。線端以不影響表面的平整為原則藏裡側。

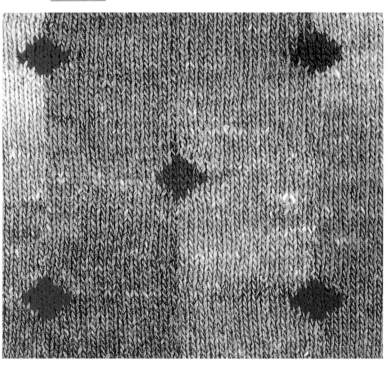

88

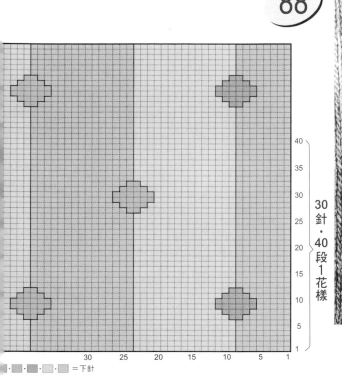

30針・40段1花樣

■·■■·■□·■·□=下針

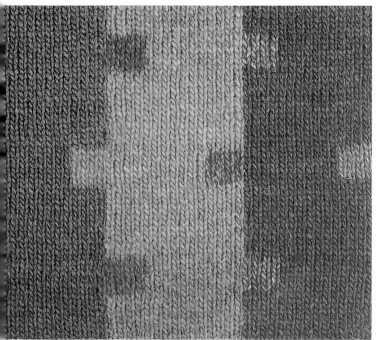

89

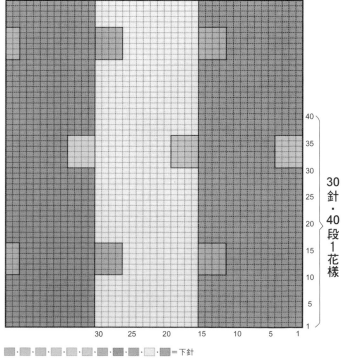

30針・40段1花樣

■·■·■·■·■·■·□·■=下針

鑲嵌的 條紋 配色圖案

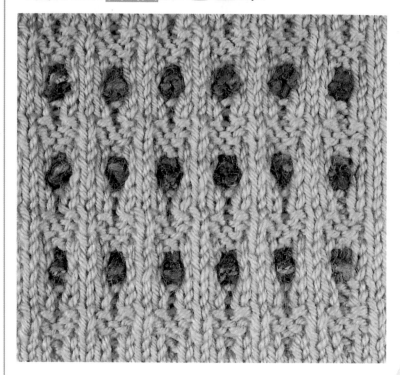

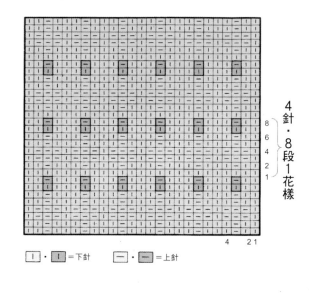

4針・8段1花樣

| ・ | = 下針　| — | ・ | — | = 上針

90

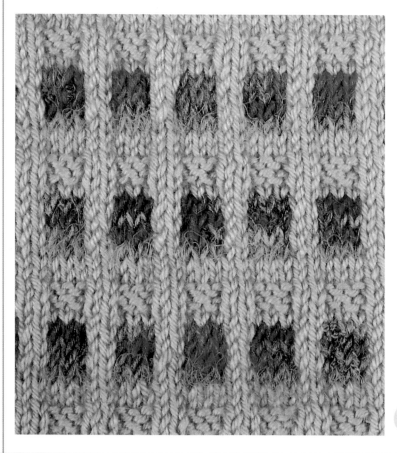

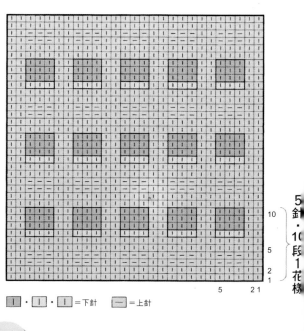

5針・10段1花樣

| ・ | ・ | | = 下針　| — | = 上針

91

每段換色&滑針的 條紋 配色花樣

♥ 重點提示
每段換色的條紋配色花樣的編織使用兩端都是尖頭的棒針。織下針的部分，以（A～E色）每段換色共織5段，接下來將A線引上來（注意不要拉太緊！）織1段上針，繼續B～E色也以同樣的方法引上來編織4段。

92

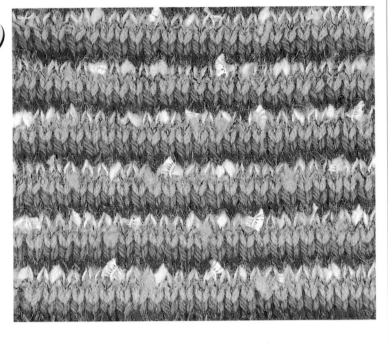

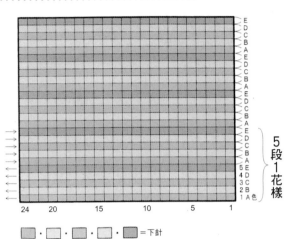

```
E
D
C
B
A
E
D
C
B
A
E
D
C
B
A
E        5
D        4   5段1花樣
C        3
B        2
A        1 A色
```

24 20   15   10   5   1

■・□・■・□・■ =下針

93

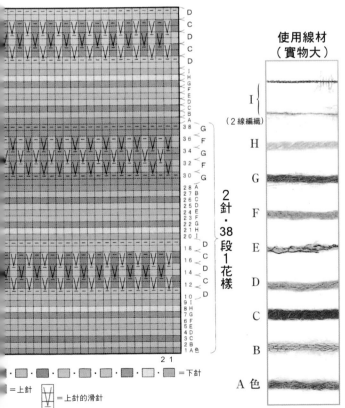

使用線材
（實物大）

```
D
C
D
C
D
I
H
G
F    38   G
E         F
D    36   G
C         F
B    34   G
A         F
     32   G
     30   G
     28   A
     27   B
     26   C
     25   D
     24   E
     23   F
     22   G
     21   H
     20   I   2針・38段1花樣
     18   D
     16   C
     14   D
     12   C
     10   D
      9   I
      8   H
      7   G
      6   F
      5   E
      4   D
      3   C
      2   B
      1 A色
```

2 1

I { (2線編織)
H
G
F
E
D
C
B
A色

■・■・■・■・■・■・■・□・■ =下針
■ =上針
V =上針的滑針

伸縮編織的 條紋 配色花樣

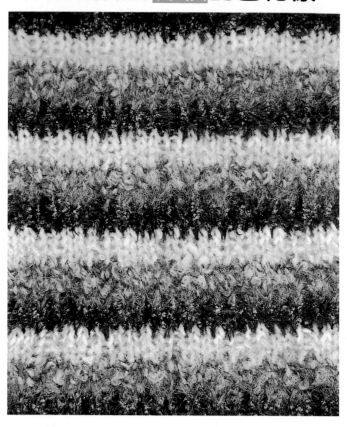

94

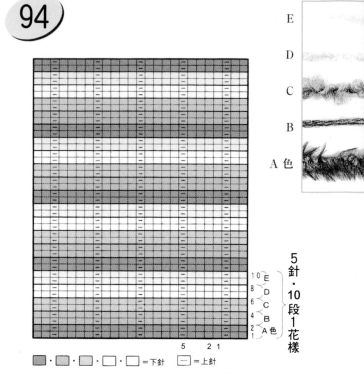

使用線材
（實物大）

E
D
C
B

A 色

10 E
8 D
6 C
4 B
2 A色
1

5針・10段1花樣

█・▓・▒・□・□ ＝下針　　─ ＝上針

95

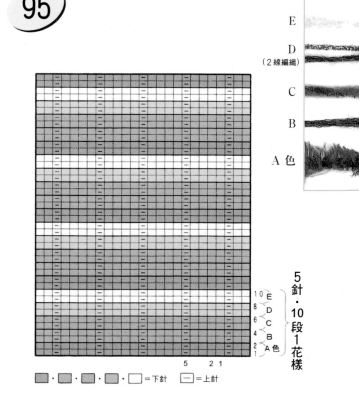

使用線材
（實物大）

E
D
（2線編織）
C
B

A 色

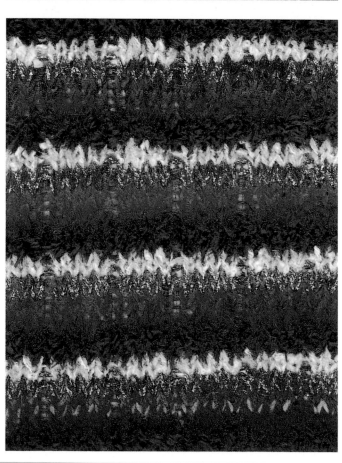

10 E
8 D
6 C
4 B
2 A色
1

5針・10段1花樣

█・▓・▒・▒・□ ＝下針　　─ ＝上針

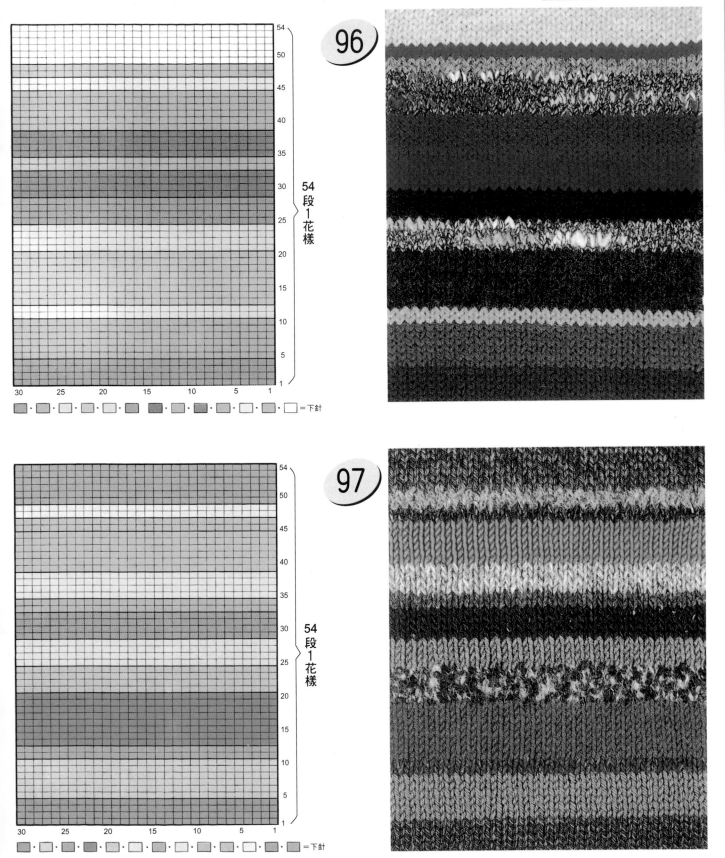

96

54
段
1
花樣

□ =下針

97

54
段
1
花樣

□ =下針

使用多色的 條紋 配色花樣

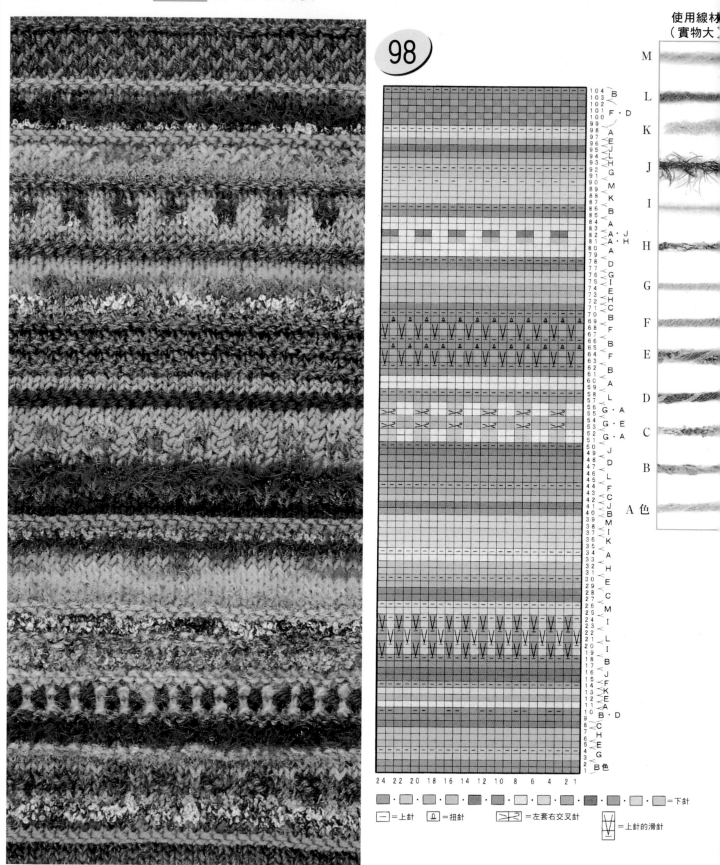

♥ **重點提示**

上針的滑針在裡側編織時要注意！織完的線和相同線部分的下針要織時，一定要將在表側的線拿到裡側來，接下來的針目也都記住不要在表側渡線。

99

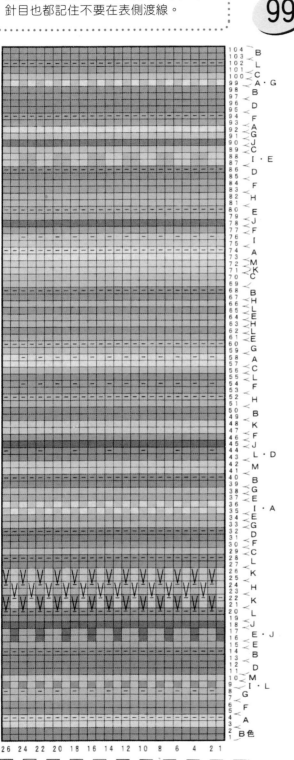

= 下針

□・= 上針

∨∨ = 上針的滑針

使用４色的交叉配色花樣

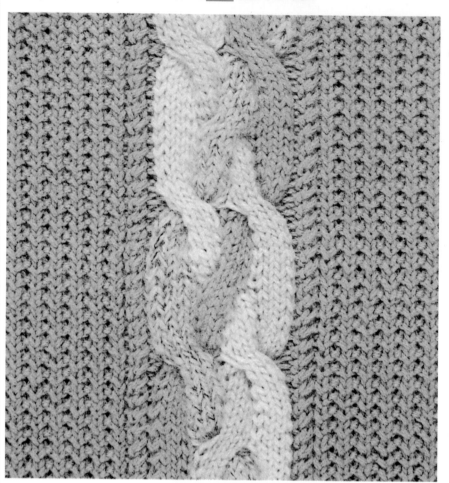

100

= 右上4針交叉

= 左上4針交叉

※配色於裡側以縱的渡線配色技法編織

|Ｉ|・|Ｉ|・|Ｉ|・|Ｉ| ＝下針

= 上針

= 扭針   = 左上1針交叉

♥ 重點提示

使用４色的交叉配色花樣是不將緙剪斷，
在裡側作縱的渡線，於２色之間交叉後繼
續編織。４條麻花作４針的交叉針，於中
央１個的場合時織左上４針交叉，左右２
個的場合時都作右上４針交叉。

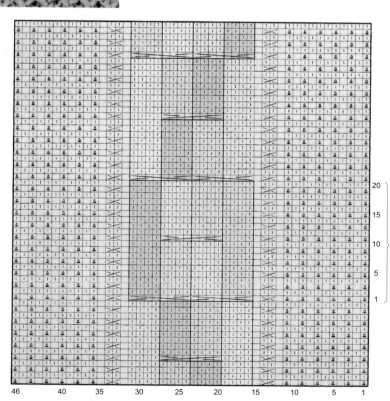

交叉花樣&桂花針花樣的搭配

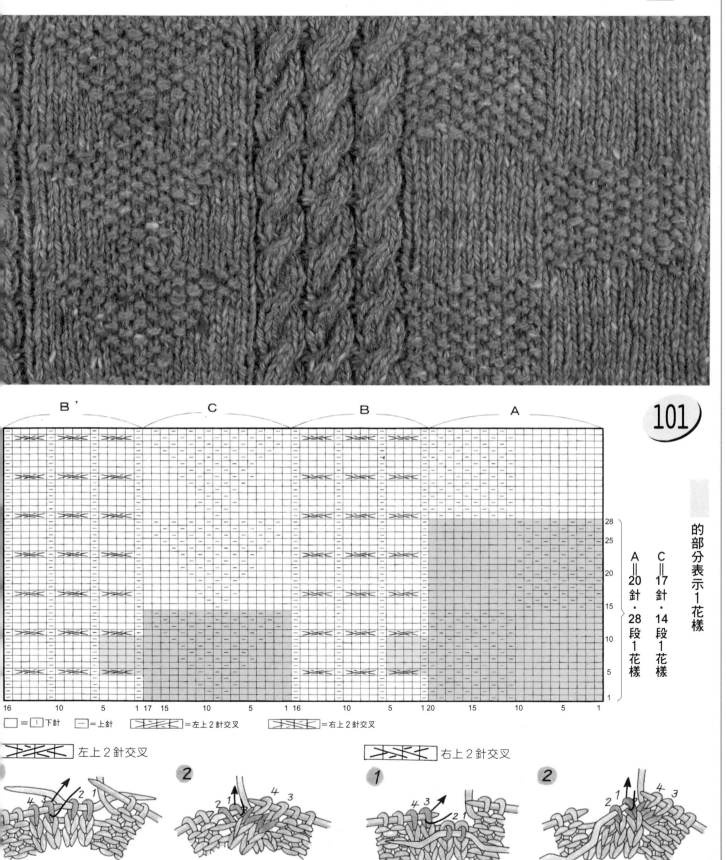

101

B'　　　　　C　　　　　B　　　　　A

的部分表示1花樣

A＝20針・28段1花樣
C＝17針・14段1花樣

□=□ 下針　　─=上針　　⟩⟨=左上2針交叉　　⟩⟨=右上2針交叉

⟩⟨ 左上2針交叉　　　　　　⟩⟨ 右上2針交叉

65

各式各樣的愛爾蘭花樣

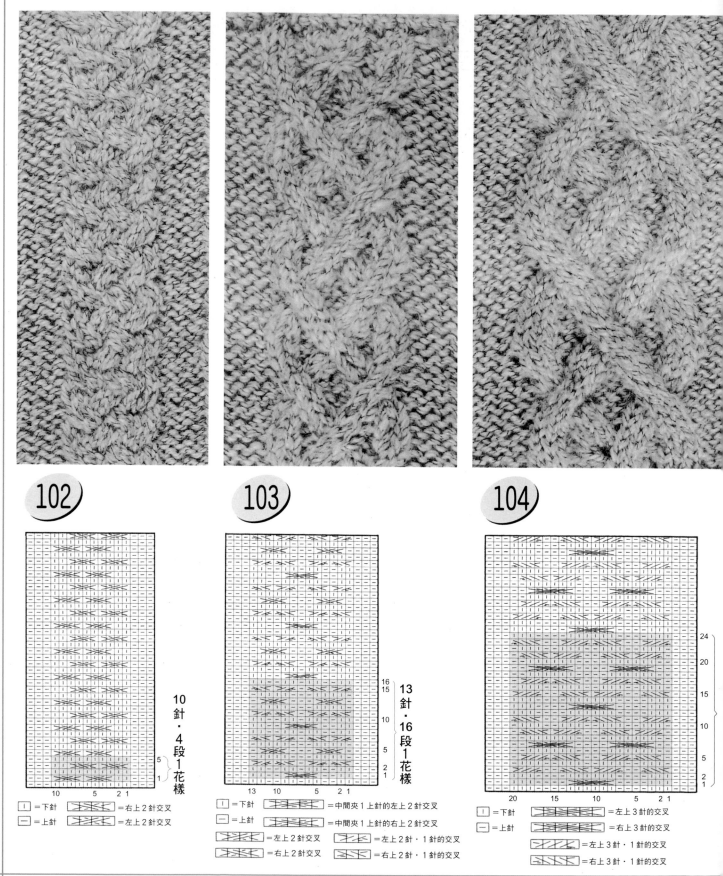

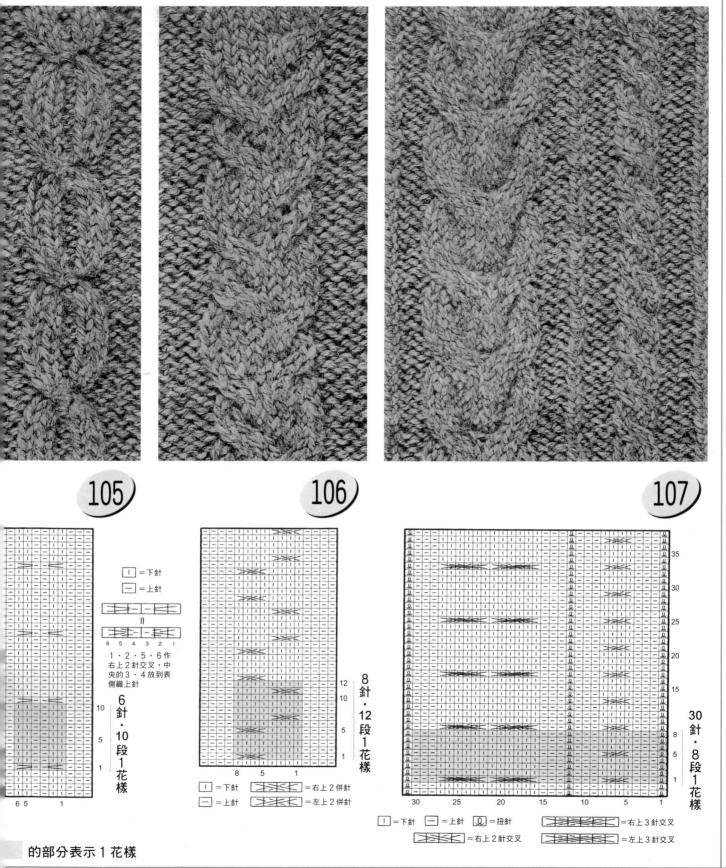

105

106

107

| =下針
− =上針

‖

6 5 4 3 2 1

1・2・5・6作
右上2針交叉，中
央的3・4放到表
側織上針

6
針
・
10
段
1
花
樣

6 5　　1

| =下針　　=右上2針併針
− =上針　　=左上2針併針

8　　5　　1

8
針
・
12
段
1
花
樣

| =下針　− =上針　Ω =扭針　　=右上3針交叉
=右上2針交叉　　=左上3針交叉

30
針
・
8
段
1
花
樣

30　25　20　15　10　5　1

35
30
25
20
15
8
5
1

條紋配色的交叉花樣

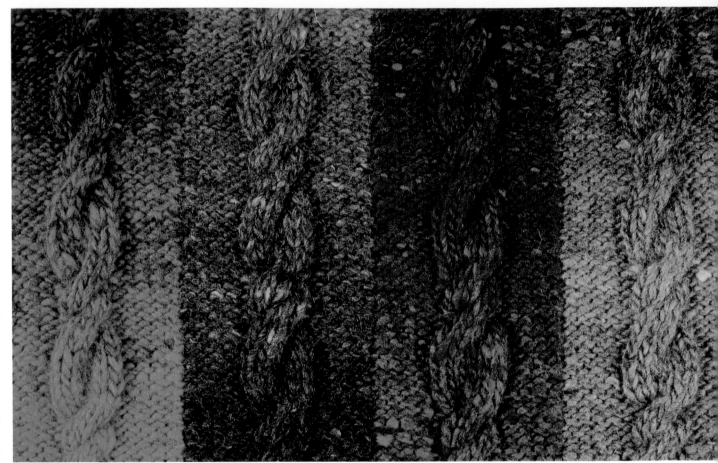

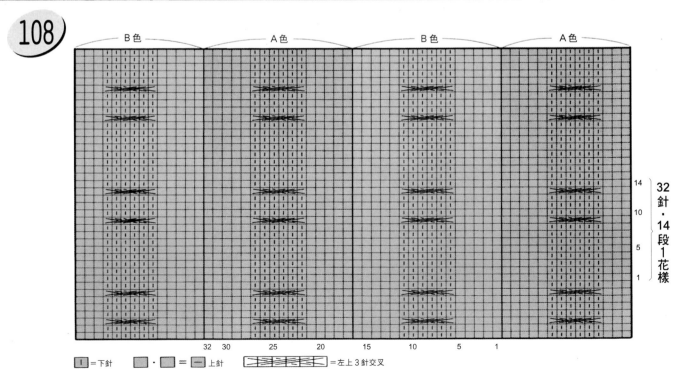

108

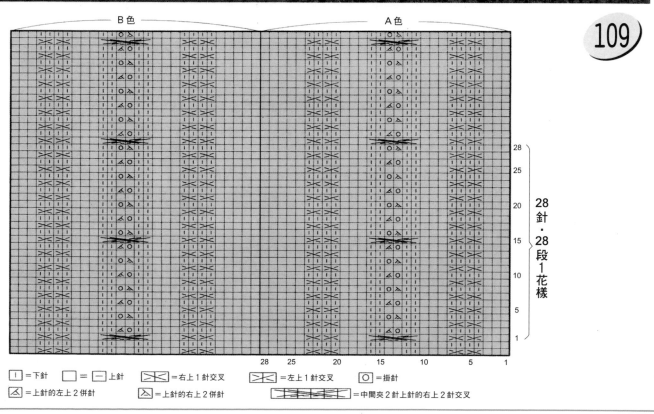

109

柔色系的交叉花樣的變化

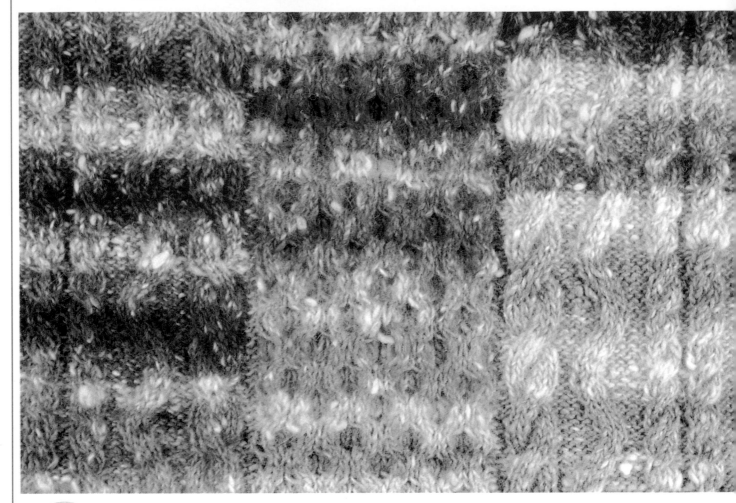

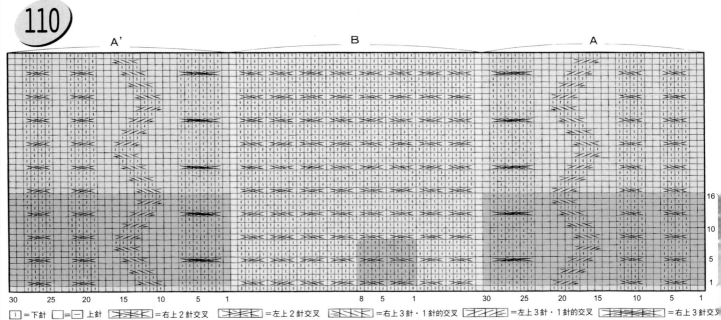

110

A' 　　　　　　　　　　　B 　　　　　　　　　　　A

16

10

5

1

30　　25　　20　　15　　10　　5　　1　　　　8　　5　　1　　　30　　25　　20　　15　　10　　5　　1

| | | =下針 　| | =上針 　| |=右上２針交叉 　| |=左上２針交叉 　| |=右上３針‧１針的交叉 　| |=左上３針‧１針的交叉 　| |=右上３針交叉

A‧A'‧B的配色於裡側作縱的渡線編織

| |=左上３針交叉

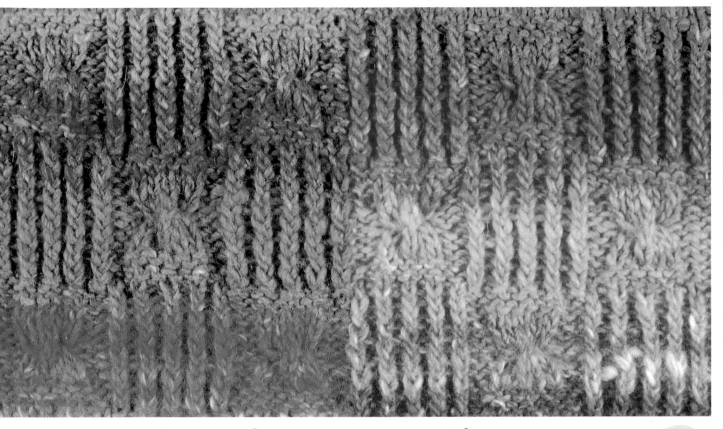

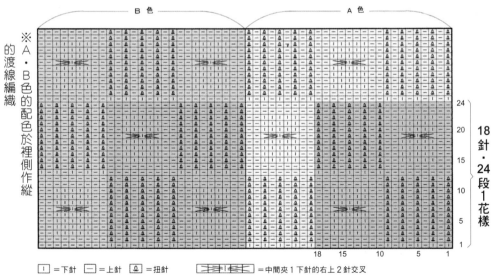

(111)

B色 ／ A色

※A‧B色的配色於裡側作縱的渡線編織

18針‧24段1花樣

勾部分表示一花義

□=下針　□=上針　⚄=扭針　＝中間夾1下針的右上2針交叉

＝中間夾1下針的右上2針交叉

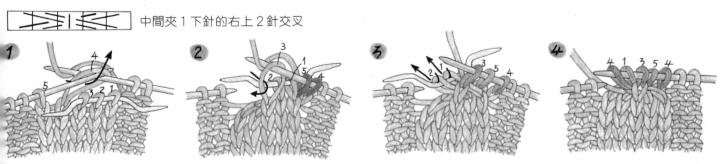

下針和上針

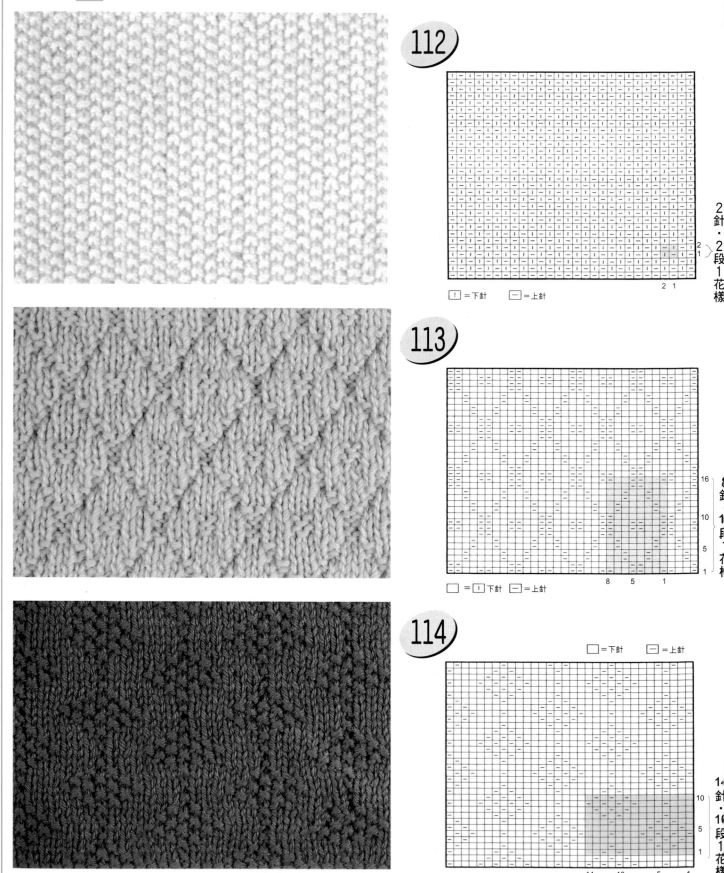

的部分表示 1 花樣

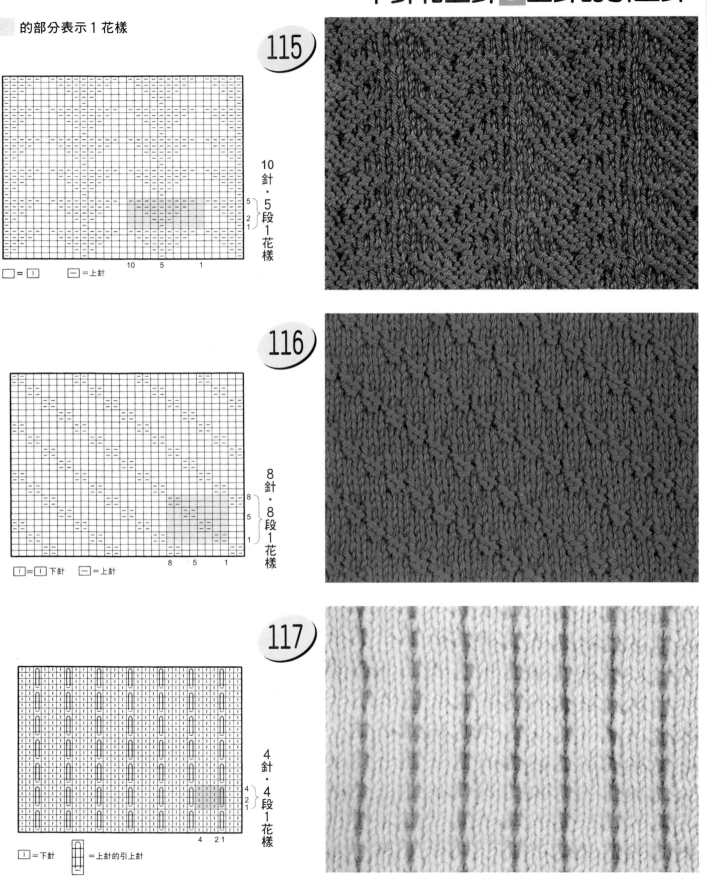

115

□ = □   — = 上針

10針・5段1花樣

5
2 1

116

└ = □ 下針   — = 上針

8針・8段1花樣

8
5
1

117

□ = □ 下針   ▯ = 上針的引上針

4針・4段1花樣

4
2 1

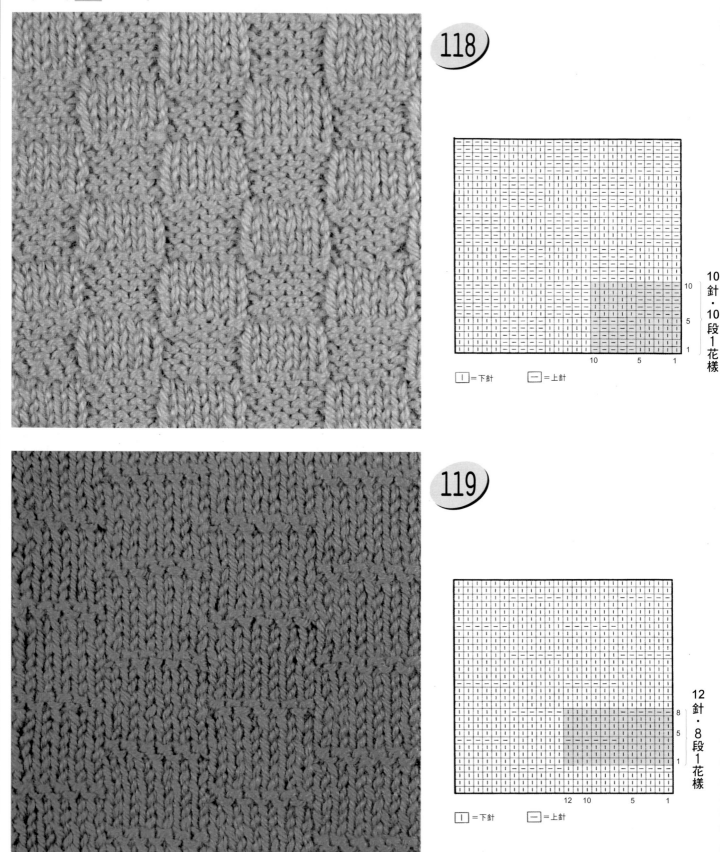

下針 和 上針

118

10 針・10 段 1 花樣

$\boxed{I}$ = 下針　　$\boxed{-}$ = 上針

119

12 針・8 段 1 花樣

$\boxed{I}$ = 下針　　$\boxed{-}$ = 上針

的部分表示 1 花樣

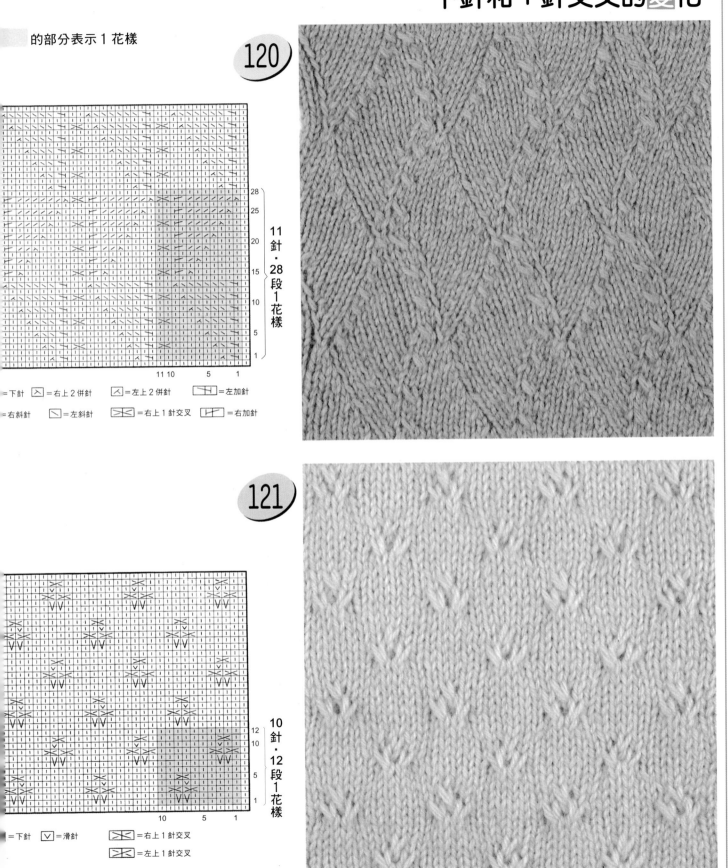

120

11 針・28 段 1 花樣

=下針　=右上 2 併針　=左上 2 併針　=左加針
=右斜針　=左斜針　=右上 1 針交叉　=右加針

121

10 針・12 段 1 花樣

=下針　=滑針　=右上 1 針交叉
=左上 1 針交叉

空花花樣

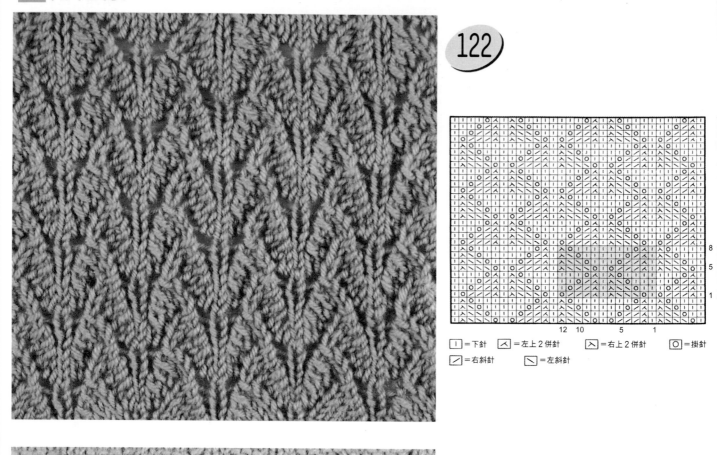

122

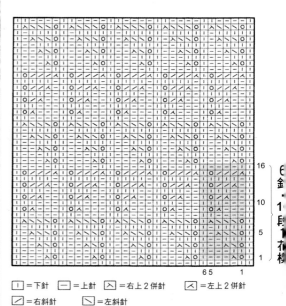

8											
5											
1											

12 10   5   1

Ⅰ	=下針	Ⅳ	=左上2併針	Ⅴ	=右上2併針	Ｏ	=掛針
╱	=右斜針	╲	=左斜針				

123

16

10

5

1

6 5   1

Ⅰ	=下針	─	=上針	Ⅴ	=右上2併針	Ⅳ	=左上2併針
╱	=右斜針	╲	=左斜針				

的部分表示1花樣

124

6針・20段1花樣

| =下針 | — =上針 | 入 =右上2併針 |
| =掛針 | | 人 =左上2併針 |

125

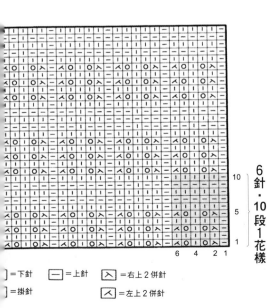

6針・10段1花樣

] =下針　— =上針　入 =右上2併針
] =掛針　　　人 =左上2併針

立體感的樹葉的 空 花花樣

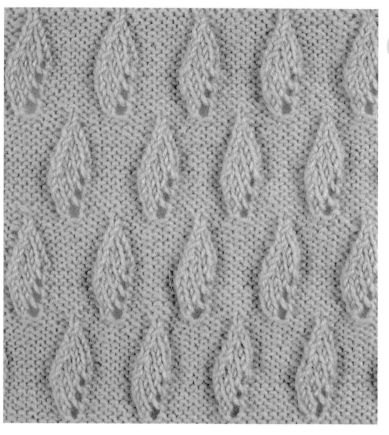

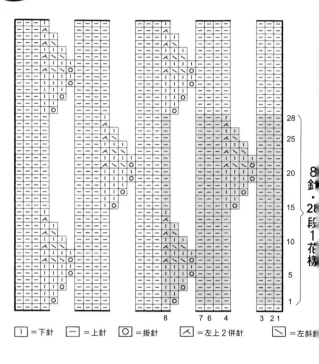

126

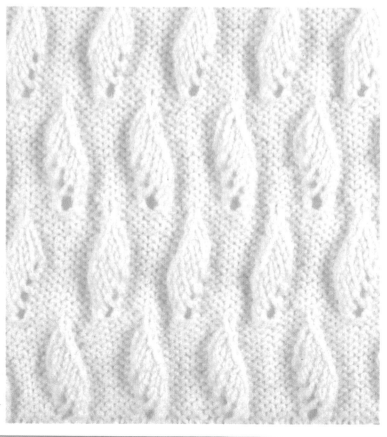

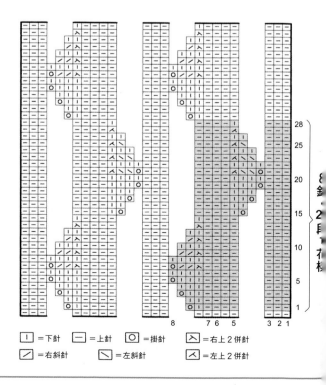

127

| = 下針　　 | = 上針　 O | = 掛針　 | = 左上2併針　 | = 左斜針

| = 下針　　 | = 上針　 O | = 掛針　 | = 右上2併針
| = 右斜針　　 | = 左斜針　　 | = 左上2併針

的部分表示 1 花樣

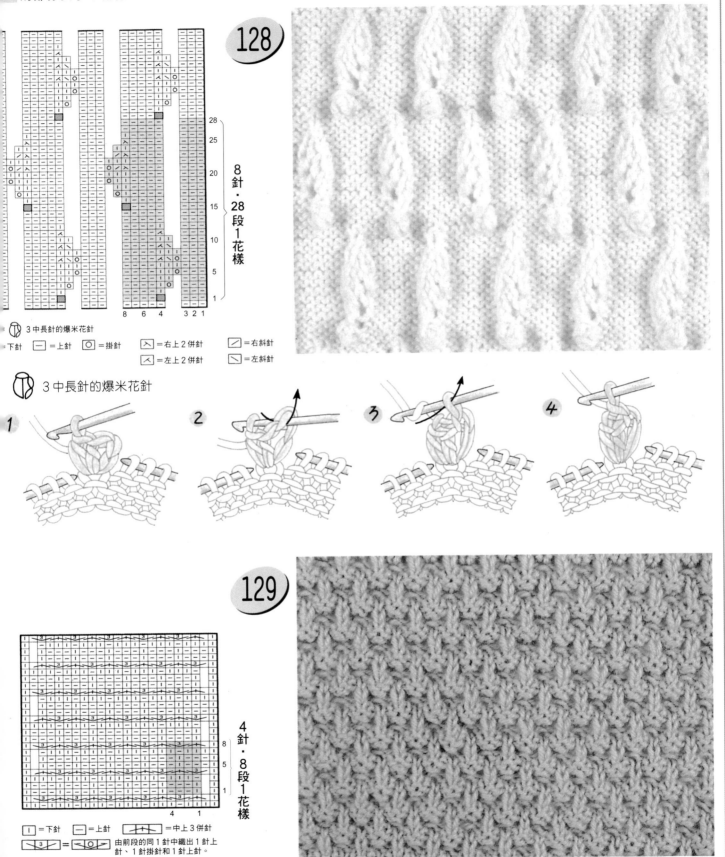

128

8 針 · 28 段 1 花樣

3 中長針的爆米花針

| | = 下針 | □ = 上針 | ○ = 掛針 | ⋏ = 右上 2 併針 | / = 右斜針 |

| ⋋ = 左上 2 併針 | \ = 左斜針 |

3 中長針的爆米花針

129

4 針 · 8 段 1 花樣

| = 下針 — = 上針 中上 3 併針

3 = 由前段的同 1 針中織出 1 針上針、1 針掛針和 1 針上針。

交叉花樣的 地 花樣

的部分表示 1 花樣

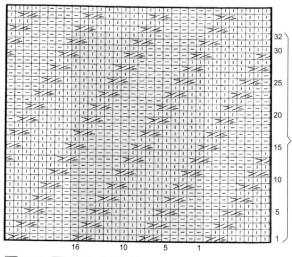

130

32
30
25
20
15
10
5
1

16　　10　　5　　1

□=下針　─=上針　⊠⊠=左上 2 針×1 針的交叉

131

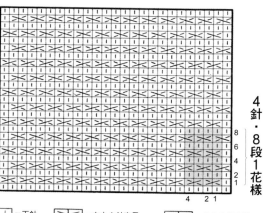

4 針 · 8 段 1 花樣

8
6
4
2
1

4　2　1

□=下針　⊠=左上 1 針交叉　⊠=右上 1 針交叉

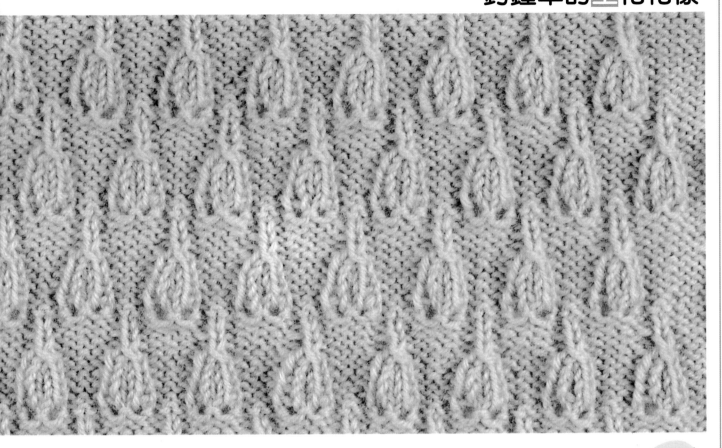

132

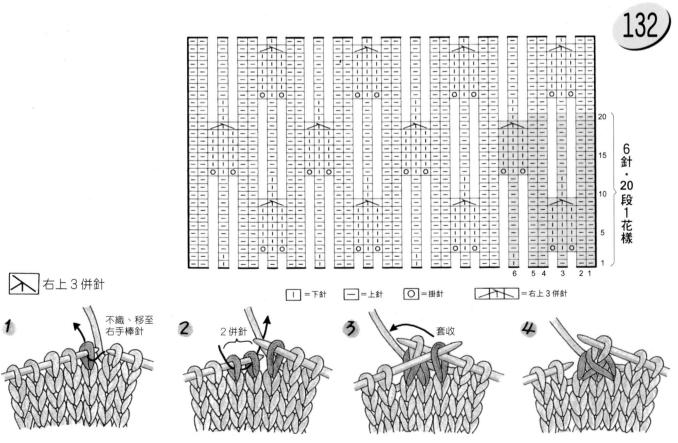

6針·20段1花樣

20
15
10
5
1

6 5 4 3 2 1

⊠ 右上3併針

| ＝下針　　― ＝上針　　⊙ ＝掛針　　⊠ ＝右上3併針

1 — 不織、移至右手棒針

2 — 2併針

3 — 套收

4

菱形的蕾絲花樣＆玉針

的部分表示1花樣

133

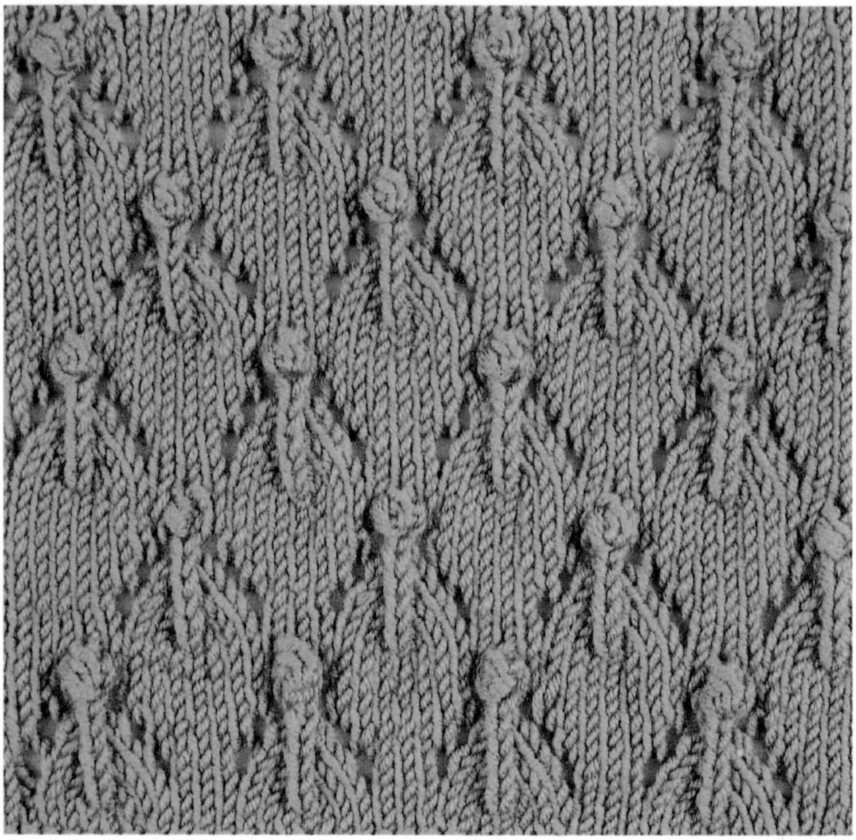

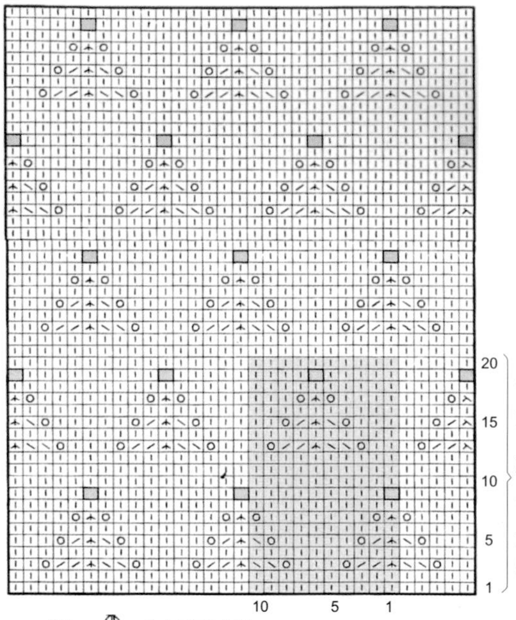

[灰色方格]＝[符號]＝3中長針的玉針

[|]＝下針　[ ]＝中上3併針　[/]　[\]＝左斜針

[○]＝掛針

134

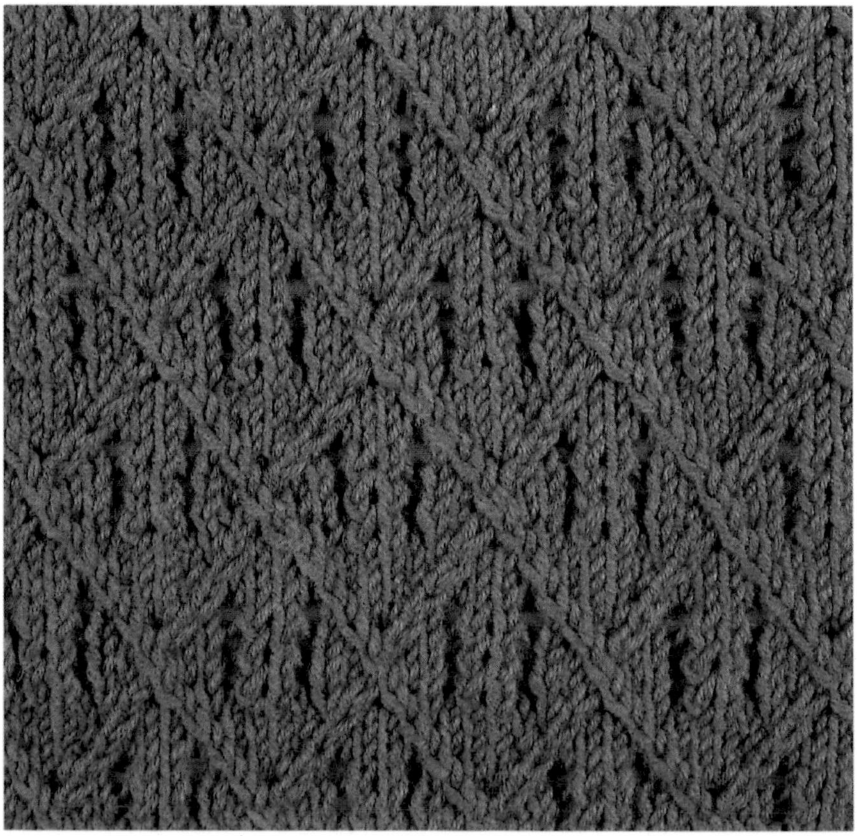

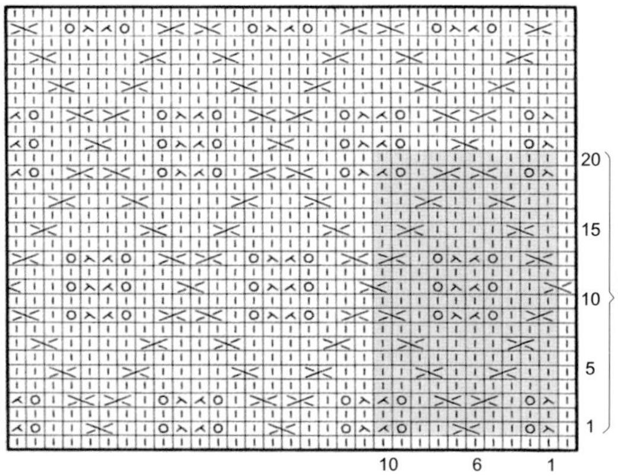

[|]＝下針　[入]＝右上2併針　[人]＝左上2併針　[○]＝掛針

[><]＝右上1針交叉　[><]＝左上1針交叉

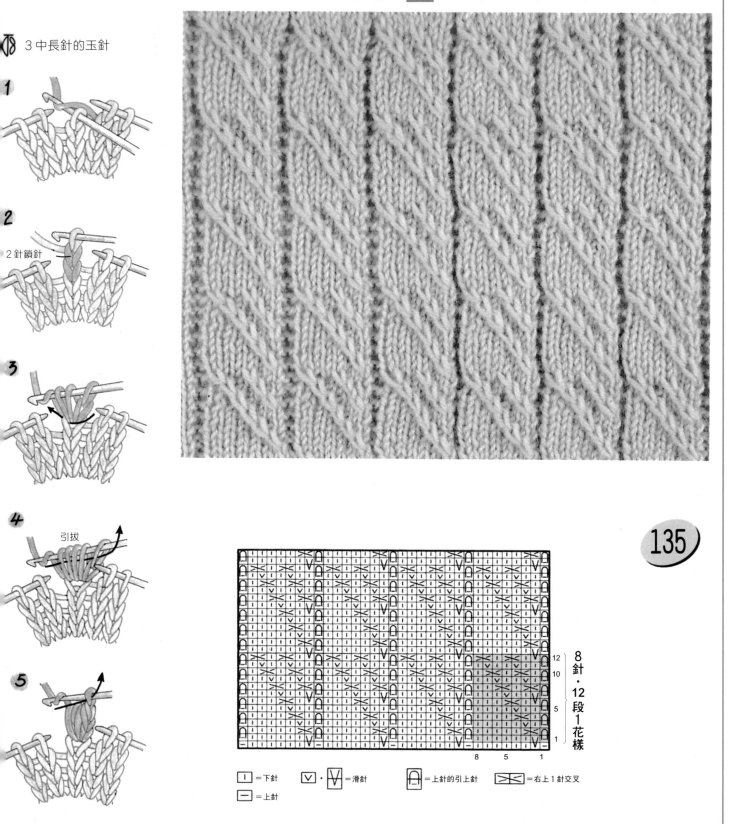

3 中長針的玉針

1

2

2針鎖針

3

4

引拔

5

135

8針・12段1花樣

12
10
5
1

8　5　1

| = 下針　　｜V｜·｜V｜ = 滑針　　┌∩┐ = 上針的引上針　　✕ = 右上1針交叉

— = 上針

套針的變化

的部分表示 1 花樣

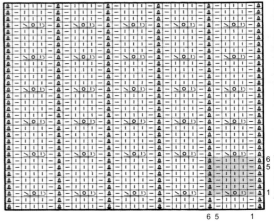

136

| | = 下針　　| — | = 上針　　| ⚲ | = 扭針

| ↘ o ⅃ | = 套右 2 針交叉

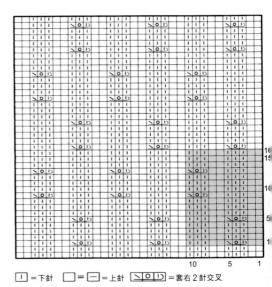

137

| | = 下針　　| = | — | = 上針　　| ↘ o ⅃ | = 套右 2 針交叉

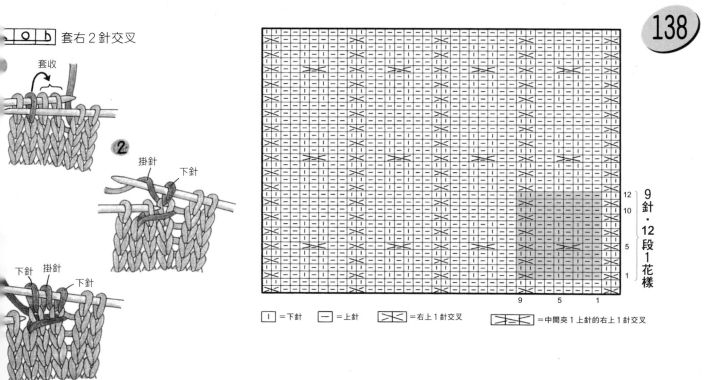

138

套右２針交叉

套收

掛針　下針

下針　掛針　下針

9針・12段1花樣

12
10
5
1

9　　5　　1

| = 下針　　| = 上針　　⊠ = 右上１針交叉　　⊠ = 中間夾１上針的右上１針交叉

交叉花樣

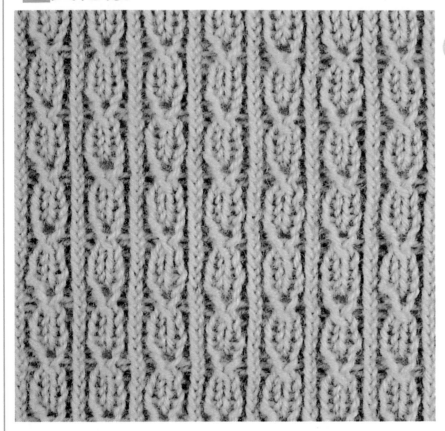

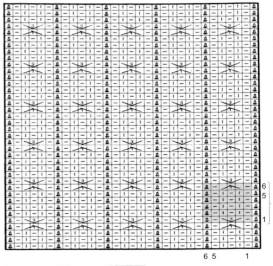

139

| | =下針 | | =上針 | | =右上 3 併針 |
| | =扭針 | | | | =3 針的編出針 |

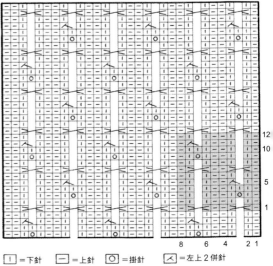

140

| | =下針 | | =上針 | | =掛針 | | =左上 2 併針 |
| | | =左上 1 針交叉 |

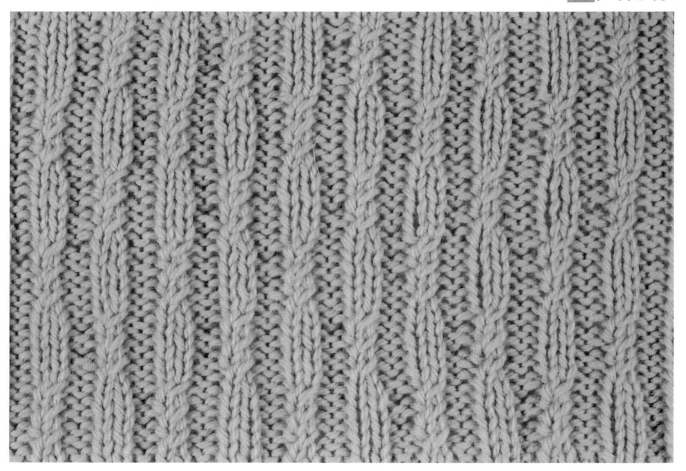

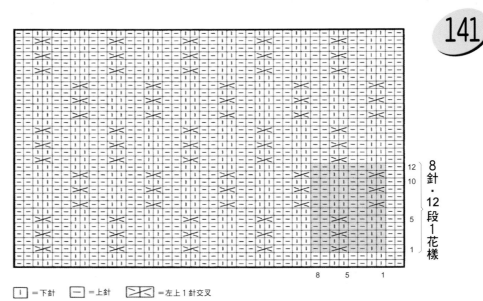

141

8針・12段1花樣

12
10
5
1

8　5　1

| = 下針　— = 上針　><= 左上1針交叉

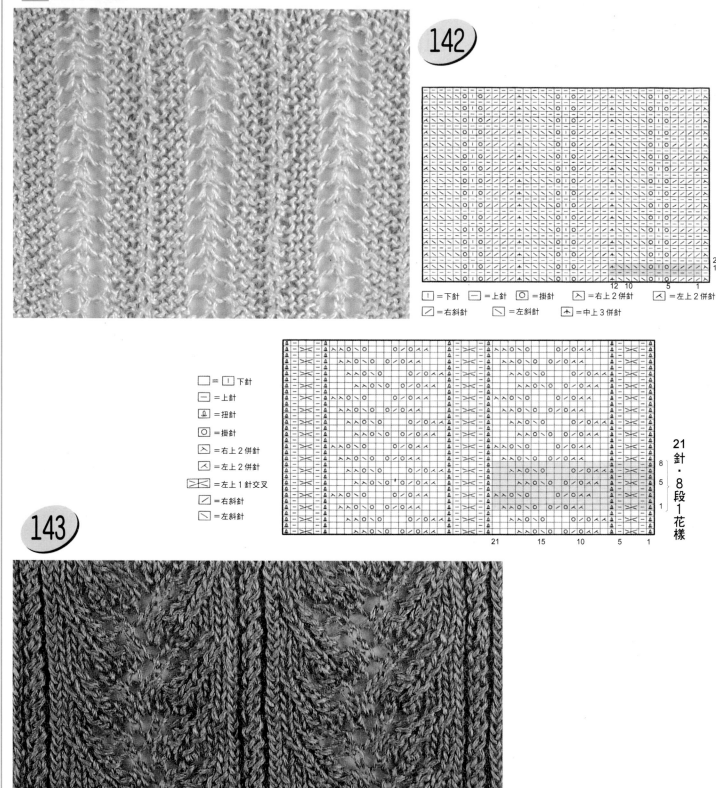

空花花樣

142

| ＝下針　― ＝上針　○ ＝掛針　人 ＝右上2併針　人 ＝左上2併針
/ ＝右斜針　\ ＝左斜針　↑ ＝中上3併針

＝ 下針
― ＝ 上針
⚲ ＝ 扭針
○ ＝ 掛針
人 ＝ 右上2併針
人 ＝ 左上2併針
＞＜ ＝ 左上1針交叉
/ ＝ 右斜針
\ ＝ 左斜針

21針・8段1花樣

143

的部分表示 1 花樣

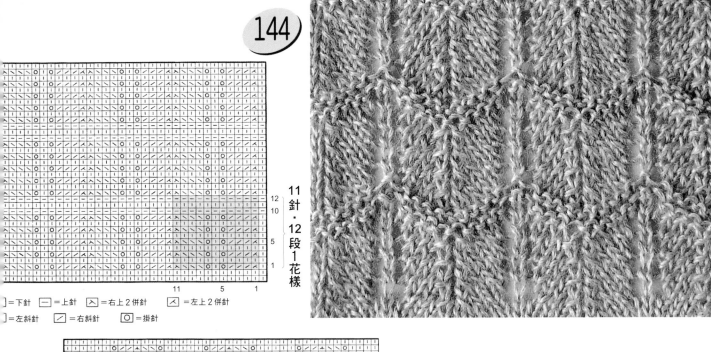

144

11針・12段1花樣

]=下針　 —]=上針　 ⋏]=右上 2 併針　 ⋌]=左上 2 併針

]=左斜針　 ⟋]=右斜針　 O]=掛針

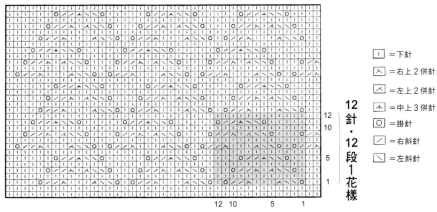

12針・12段1花樣

	=下針
⋏	=右上 2 併針
⋌	=左上 2 併針
⋔	=中上 3 併針
O	=掛針
⟋	=右斜針
⟍	=左斜針

145

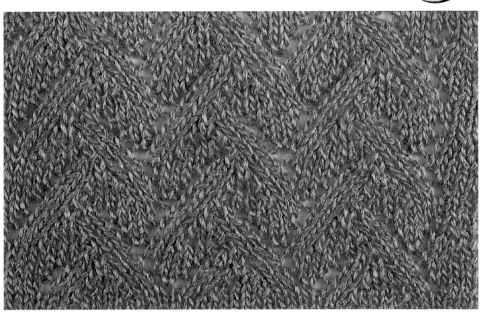

♥ 重點提示

空花花樣於袖下加針的場合，端針
最好有 2 針下針，不要作入掛針，
這樣會比較好縫，作品也漂亮。減
針的場合也相同。

空花花樣＋左右斜針

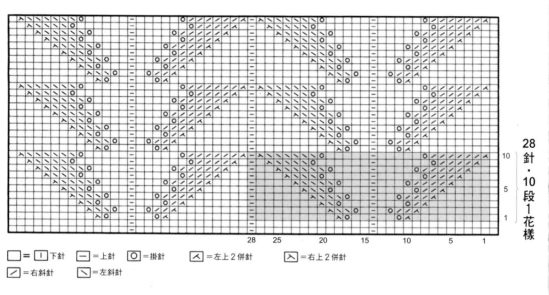

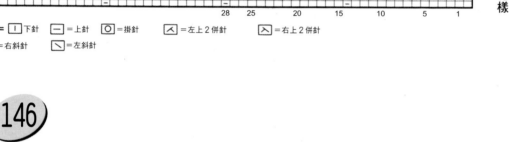

28
針
·
10
段
1
花
樣

10

5

1

28　25　　　20　　　15　　　10　　　5　　　1

□=□下針　□=□上針　□=掛針　□=左上2併針　□=右上2併針

□=右斜針　□=左斜針

146

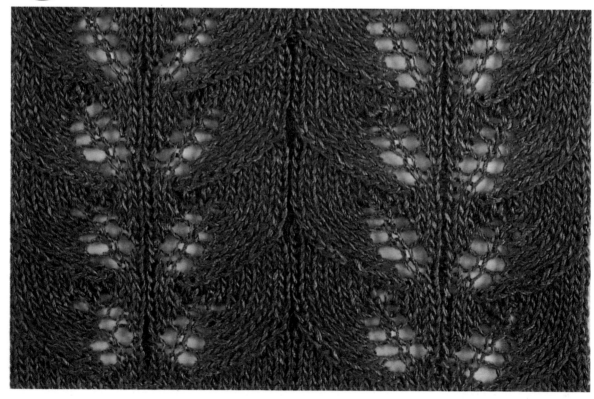

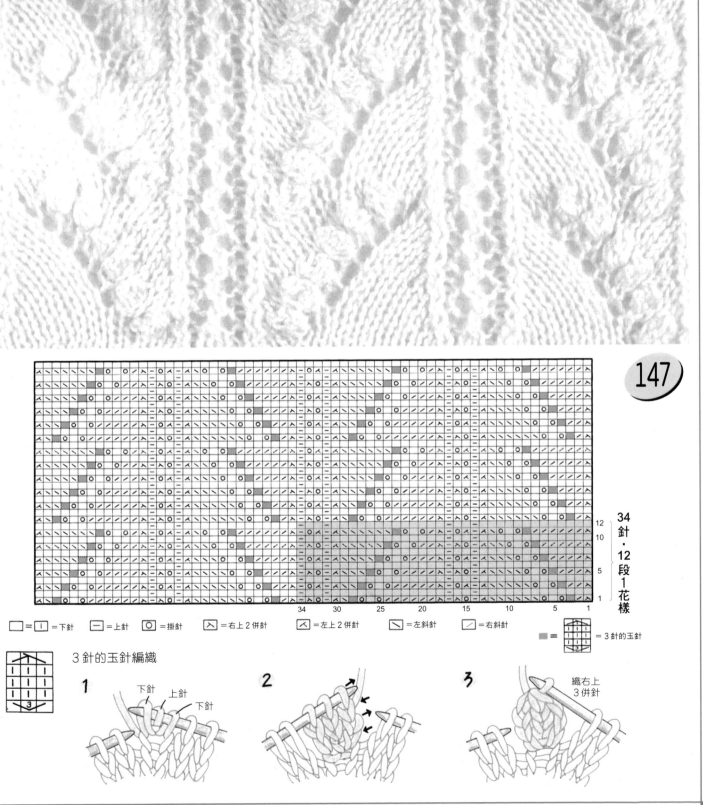

147

34針・12段1花樣

34 30   25   20   15   10   5   1

□=｜=下針　　—=上針　　◯=掛針　　⋏=右上2併針　　⊼=左上2併針　　⟋=左斜針　　⟍=右斜針　　▨= = 3針的玉針

3針的玉針編織

1　下針　上針　下針

2

3　織右上3併針

空花花樣 & 拼布風味花樣

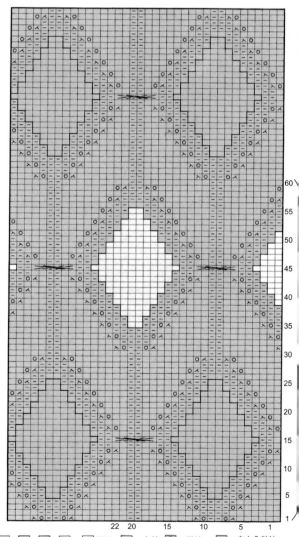

148

60
55
50
45
40
35
30
25
20
15
10
5
1

22 20   15   10   5   1

♥ **重點提示**

使用2色的配色，由下針至上針的配色
換線編織時，例如花樣是 □ 的上針為避
免用沈環渡線，一定在第1段將 □ 織成
下針。

□・□・□・□・□ = □ = 下針　□ = 上針　□ = 掛針　□ = 左上2併針

□ = 右上2併針　□ = 中間夾2針上針的右上2針交叉

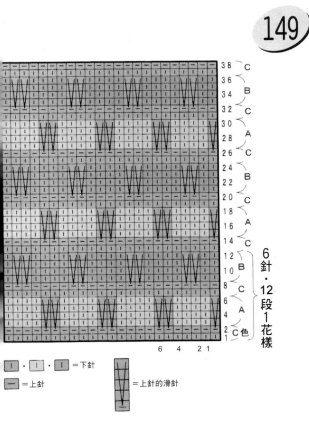

149

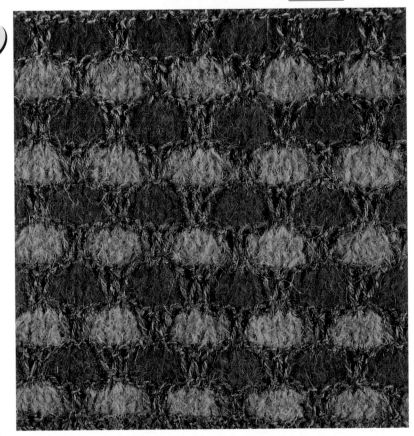

38 C
36
34 B
32 C
30 A
28
26 C
24 B
22
20 C
18 A
16
14 C

12
10 B
8 C
6 A
4
2 C色

6針・12段1花樣

6 4 2 1

| I | · | I | · | I | =下針

— =上針

=上針的滑針

150

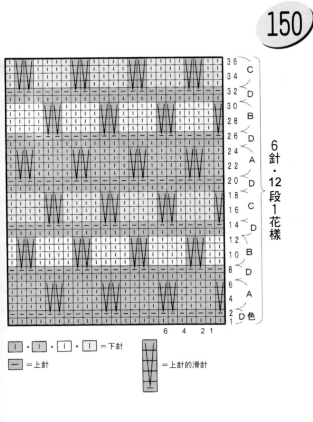

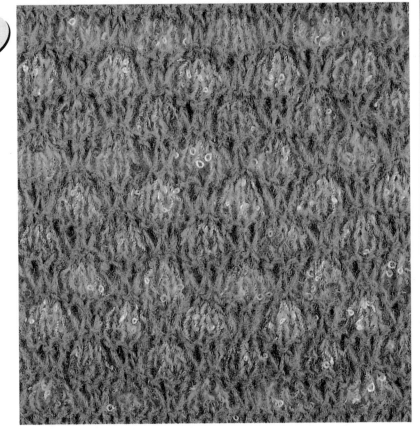

36 C
34
32 D
30 B
28 D
26 A
24
22 D
20
18 C
16 D
14
12 B
10 D
8
6 A
4
2 D色

6針・12段1花樣

6 4 2 1

| I | · | I | · | I | · | I | =下針

— =上針

=上針的滑針

93

配色的 空 花花樣和連續花樣

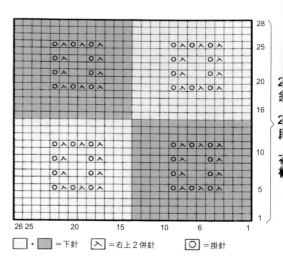

151

```
         28
         25


         20

         16


         10



         5

         1
26 25    20    15    10    6    1
```

☐ · ▨ =下針   ↖ =右上2併針   ◯ =掛針

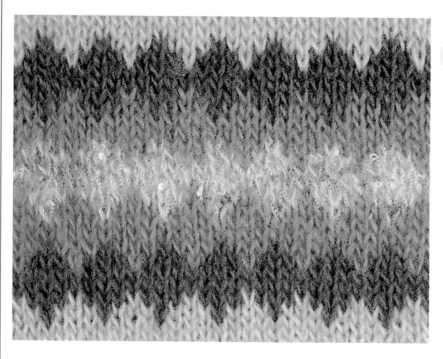

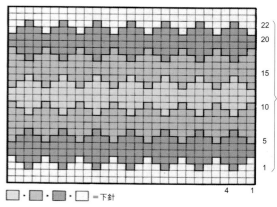

152

```
         22
         20

         15

         10

         5

         1
              4  1
```

☐ · ▨ · ▨ · ☐ =下針

·········· ♥ 重點提示 ··········
連續花樣於裡側作橫的渡線的編織，裡側
的渡線要注意平行，不要使其有交叉的情
形出現。還有在此場合，水藍色的線於端
邊接上黃色線繼續編織，綠色的線則是下
面織好後剪斷，來到上面綠色部分時再接
線編織。

153

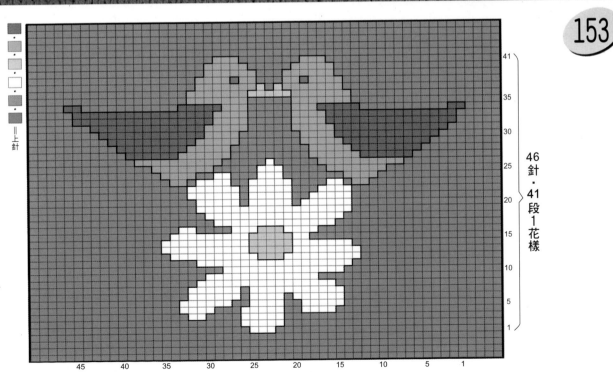

41

35

30

25

20

15

10

5

1

46針・41段1花樣

= 上針

45   40   35   30   25   20   15   10   5   1

│ 下針 1 2	**─ 上針** 1 2
Ʌ 右上2併針 1 不織，移至右手棒針上 套收 2	**⅄ 左上2併針** 1 2
木 中上3併針 1 2針不織，移至右手棒針上 套收於織好的針目上 2	**Ꝋ 扭針** 1 2
Y 左加針 1 2	**Ⅴ 右加針** 1 2
○ 掛針 1 2	**╲ 左斜針** **╱ 右斜針**
☒ 右上交叉 1 2 以麻花針取下1針	**☒ 左上交叉** 1 2

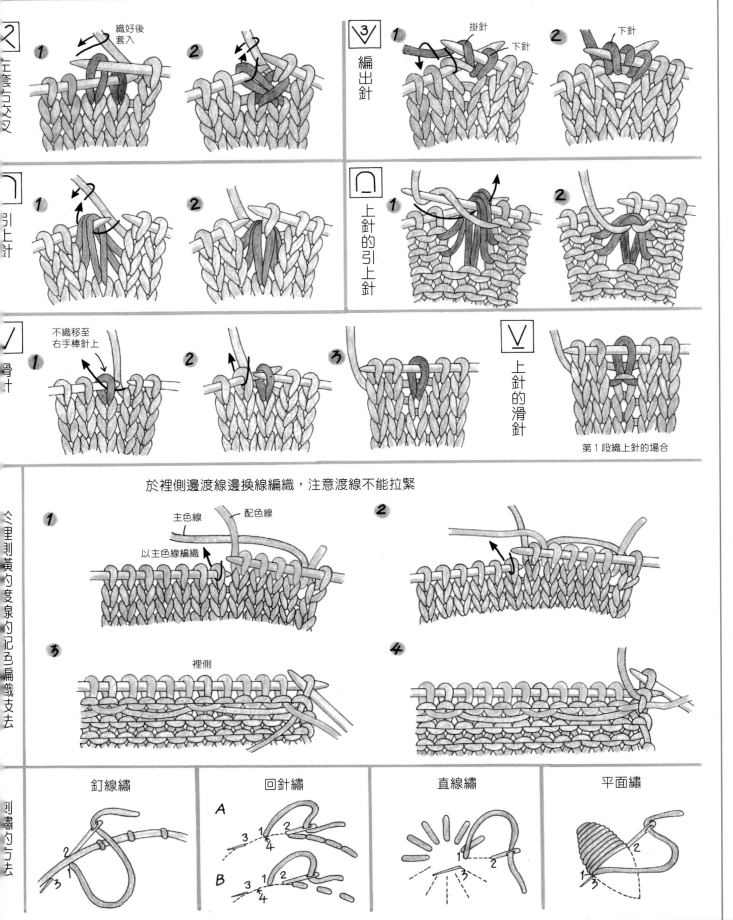

於裡側邊渡線邊換線編織，注意渡線不能拉緊

①   主色線 配色線
以主色線編織↗

②

③ 裡側

④

釘線繡   回針繡   直線繡   平面繡

國家圖書館出版品預行編目資料

棒針編織花樣圖案 / 石井麻子著；張金蘭譯
．－－初版．－－臺北縣新店市：世茂，，2001
［民90］
　　面；　公分．－－（手編織基礎系列：16）

　　ISBN 957-776-296-4（平裝）

1.編結　　2.家庭工藝

426.4　　　　　　　　　　　　　90018493

手編織基礎系列⑯

棒針編織花樣圖案　　定價300元

作者：石井麻子
審訂‧譯者：張金蘭　　　主編：羅煥耿
編輯：黃敏華、翟瑾荃　　美編：林逸敏、鍾愛蕾
發行人：簡玉芬　　　　　電話：（02）22183277
出版者：世茂出版社　　　傳真：（02）22183239
負責人：簡泰雄　　　　　劃撥：07503007‧世茂出版社帳戶
登記證：局版台省業字第564號
地址：（231）台北縣新店市民生路19號5樓
電腦排版／印前製作工坊
製版印刷／祥新印刷事業有限公司

ISHII ASAKO NO MOYOUAMI ZUAN (LADY BOUTIQUE SERIES NO.1613)
ⓒBOUTIQUE-SHA in 2000
Originally published in Japan in 2000 by BOUTIQUE-SHA.
Chinese translation rights arranged with BOUTIQUE-SHA
through TOHAN CORPORATION, TOKYO.

初版一刷/2001年/11月　　　　　　　　Printed in Taiwan
　　二刷/2003年/1月

翻譯‧審訂

張 金 蘭

◎1974年畢業於實踐家政學院。
◎1987年赴日研修，取得NAC系統的手編織指導員證書。
◎1988年日本VOGUE CO.,LTD.委聘在台的手編織指導員講座的指導講師。
◎1989年在日本取得NEC編織最高資格師範科的證書。
◎1989年4月～1999年6月於日本VOGUE CO.,LTD.的研究室做研修的工作。
◎歷年來日本VOGUE CO.,LTD.台灣手編織、機編講習會、講座的翻譯及講師
　（包括師範科講座）。